FENBUSHI GUANGFU FADIAN
JISHU JI YINGYONG

分布式光伏发电
技术及应用

本书编委会 ● 编

中国电力出版社
CHINA ELECTRIC POWER PRESS

内 容 提 要

本书主要介绍分布式光伏发电相关知识,具体内容包括六章。第一章主要介绍光伏发电的基本内容和总体特点;第二章主要介绍光伏发电的应用分类以及建设条件等内容;第三章主要介绍分布式光伏发电项目的技术标准相关内容,包括元器件技术、接入技术标准、分布式光伏工程等;第四章主要介绍光伏发电的结算以及电价政策等;第五章主要介绍并网业务,包括并网原则、并网申请与现场勘察、接入方案制定和审查、并网工程设计与建设、调试验收与并网等;第六章主要介绍并网后用户管理、安全注意事项及典型案例分析。本书全面梳理了光伏发电方面的相关政策文件、标准规范等,对其中的关键知识点进行了归集,并采用通俗易懂的问答形式进行编制,融入了典型案例分析,具有很强的实用性。

本书可作为分布式光伏用户的工具书,也可作为从事光伏发电管理、运行等业务的工程技术人员培训教材。

图书在版编目(CIP)数据

分布式光伏发电技术及应用 /《分布式光伏发电技术及应用》编委会编. —北京:中国电力出版社,2021.11(2024.9 重印)

ISBN 978-7-5198-6239-8

Ⅰ.①分… Ⅱ.①分… Ⅲ.①太阳能光伏发电 Ⅳ.① TM615

中国版本图书馆 CIP 数据核字(2022)第 013395 号

出版发行:中国电力出版社
地　　址:北京市东城区北京站西街 19 号(邮政编码 100005)
网　　址:http://www.cepp.sgcc.com.cn
责任编辑:张富梅　冯宁宁
责任校对:黄　蓓　李　楠
装帧设计:赵姗姗
责任印制:吴　迪

印　　刷:北京九州迅驰传媒文化有限公司
版　　次:2021 年 11 月第一版
印　　次:2024 年 9 月北京第三次印刷
开　　本:710 毫米 ×1000 毫米　16 开本
印　　张:9.75
字　　数:156 千字
定　　价:38.00 元

本书编委会

本书编写组

前　言
PREFACE

当前，光伏发电作为新能源支柱产业，在国际、国内迅猛发展，其对优化能源结构、推动节能减排、实现经济可持续发展具有重要意义，近年来国家也陆续出台了一系列的光伏新能源推广政策、规范标准等文件制度。供电企业作为"一口对外"承担光伏接入服务的单位，日常分布式光伏业务日益繁重。为进一步规范分布式光伏接入服务流程，提升服务效率，优化客户体验，以及有效解决目前基层单位在工作中存在的对业务政策、标准规范上认识理解和操作执行不到位的问题，我们通过全面梳理光伏发电方面的相关政策文件、标准规范等，对其基础定义、应用分类、计价结算、并网服务、用户管理等要点进行了关键点归集，并采用通俗易懂的问答形式，编制成册，予以印发。

本书作为分布式光伏用户的工具书，能有效地指导并规范分布式光伏发电业务服务工作，提升客户满意度。

本书共分为六章：第一章主要介绍光伏发电的基本内容和总体特点；第二章主要介绍光伏发电的应用分类以及建设条件等内容；第三章主要介绍分布式光伏发电项目的技术标准相关内容，包括元器件技术、接入技术标准、分布式光伏工程等；第四章主要介绍光伏发电的发电结算以及电价政策等；第五章主要介绍并网业务，包括并网原则、并网申请与项目勘察、接入方案制定和审查、并网工程设计与建设、调试验收与并网等；第六章主要介绍并网后用户管理、安全注意事项及典型案例分析。

在本书的编写过程中，参考、引用了很多专家、同行出版的图书、期刊和相关标准，在此一并致谢。

限于编者水平，书中不妥和疏漏之处在所难免，敬请广大读者批评指正。

编者

2021 年 10 月

目录
COTENTS

第一章

分布式光伏发电基本内容

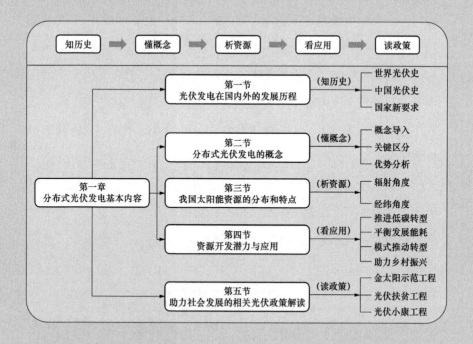

　　根据中国"碳达峰"和"碳中和"的目标，一般预计"十四五"期间国内年均新增光伏装机规模可达70000MW，乐观预计规模将达到90000MW。"十四五"装机目标有望大幅提高到2025年光伏在所有可再生能源新增装机里占比将达60%，而整个可再生能源在新增装机里占比要达到95%。"十四五"期间将推进一批示范项目建设，推动"光伏＋储能"、光伏制氢、光伏直供等新产业新业态，并实施一批行动计划，促进光伏发电多点开花。我国光伏发展迅猛，2007年，中国成为生产太阳电池最多的国家，产量从2006年的400MW一跃达到1088MW。近年来，一些地区更是将光伏发电项目列为脱贫攻坚与乡村振兴的重要措施，大力推进光伏发电项目建设。但在光伏推广使用当中，我们发现大家对于分布式光伏技术并不了解，在如何更加有效使用分布式光伏技术，实现能源清洁低碳转型方面还有一定的认知提升空间。

　　本章主要通过光伏发电在国内外的发展历程、分布式光伏发电的概念、我国太阳能资源的分布和特点、资源开发潜力与应用、助力社会发展的相关光伏政策解读五个部分来给读者朋友介绍分布式光伏技术。

第一节　光伏发电在国内外的发展历程

【关键要点】

本节光伏发电在国内外的发展历程主要包括世界光伏发展史和中国光伏发展史，其中世界光伏发展从 1877 年第一片硒太阳能电池被制作开始，到了 2019 年世界太阳能电池年产量高达 140100MW，中国光伏也同样发展迅猛，2019 年，中国太阳电池产量已高达 128600MW。光伏发电的国内外的发展历程关键要点如图 1-1 所示。

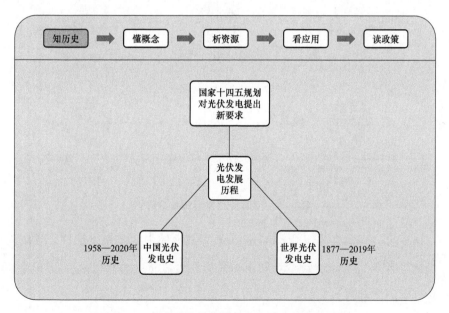

图 1-1　光伏发电的国内外的发展历程关键要点

【必备知识】

世界光伏发展史、中国光伏发展史和我国对光伏发电提出的系列要求。

一、世界光伏发展史

世界光伏发展的部分历史如图 1-2 所示，具体如下：

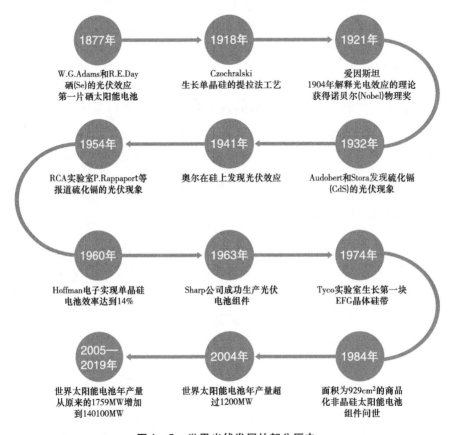

图 1-2　世界光伏发展的部分历史

1839 年法国科学家 E. Becquerel 发现金属液体中的"光生伏打"效应。

1877 年 W. G. Adams 和 R. E. Day 研究了硒（Se）的光伏效应，并制作第一片硒太阳能电池。

1883 年美国发明家 charlesFritts 描述了第一块硒太阳能电池的原理。

1904 年 Hallwachs 发现铜与氧化亚铜（Cu/Cu$_2$O）结合在一起具有光敏特性；德国物理学家爱因斯坦（AlbertEinstein）发表关于光电效应的论文。

1918 年波兰科学家 Czochralski 发展生长单晶硅的提拉法工艺。

1921 年德国物理学家爱因斯坦由于 1904 年提出的解释光电效应的理论获得诺贝尔（Nobel）物理奖。

1930 年 B. Lang 研究氧化亚铜/铜太阳能电池，发表"新型光伏电池"论文；W. Schottky 发表"新型氧化亚铜光电池"论文。

1932 年 Audobert 和 Stora 发现硫化镉（CdS）的光伏现象。

1933 年 L. O. Grondahl 发表"铜－氧化亚铜整流器和光电池"论文。

1941 年奥尔在硅上发现光伏效应。

1951 年生长 p－n 结，实现制备单晶锗电池。

1953 年 Wayne 州立大学 DanTrivich 博士完成基于太阳光谱的具有不同带隙宽度的各类材料光电转换效率的第一个理论计算。

1954 年 RCA 实验室的 P. Rappaport 等报道硫化镉的光伏现象（RCA：RadioCorporationofAmerica，美国无线电公司）。

贝尔（Bell）实验室研究人员 D. M. Chapin，C. S. Fuller 和 G. L. Pearson 报道效率 4.5% 的单晶硅太阳能电池的发现，几个月后效率达到 6%。

1955 年西部电工（WesternElectric）开始出售硅光伏技术商业专利，在亚利桑那大学召开国际太阳能会议，Hoffman 电子推出效率为 2% 的商业太阳能电池产品，电池为 14mW/片，25 美元/片，相当于 1785USD/W。

1956 年 P. Pappaport，J. J. Loferski 和 E. G. Linder 发表"锗和硅 p－n 结电子电流效应"的文章。

1957 年 Hoffman 电子的单晶硅电池效率达到 8%；D. M. Chapin，C. S. Fuller 和 G. L. Pearson 获得"太阳能转换器件"专利权。

1958 年美国信号部队的 T. Mandelkorn 制成 n/p 型单晶硅光伏电池，这种电池抗辐射能力强，这对太空电池很重要；Hoffman 电子的单晶硅电池效率达到 9%；第一个光伏电池供电的卫星先锋 1 号发射，光伏电池 100cm^2，0.1W，为一备用的 5mW 话筒供电。

1959 年 Hoffman 电子实现可商业化单晶硅电池效率达到 10%，并通过用网栅电极来显著减少光伏电池串联电阻；卫星探险家 6 号发射，共用 9600 片太阳能电池列阵，每片 $2cm^2$，共 20W。

1960 年 Hoffman 电子实现单晶硅电池效率达到 14%。

1962 年第一个商业通信卫星 Telstar 发射，所用的太阳能电池功率 14W。

1963 年 Sharp 公司成功生产光伏电池组件；日本在一个灯塔安装 242W 光伏电池阵列，在当时是世界最大的光伏电池阵列。

1964 年宇宙飞船"光轮发射"安装 470W 的光伏阵列。

1965 年 PeterGlaser 和 A. D. Little 提出卫星太阳能电站构思。

1966 年带有 1000W 光伏阵列大轨道的天文观察站发射。

1972 年法国在尼日尔一乡村学校安装一个硫化镉光伏系统，用于教育电视供电。

1973 年美国特拉华大学建成世界第一个光伏住宅。这所房子的屋顶能吸收太阳能，再把太阳能转化成电能，以满足房子的照明及其他用电设备的用电需求等，还可用电池储存多余的能量。

1974 年日本推出光伏发电的"阳光计划"；Tyco 实验室生长第一块 EFG 晶体硅带，25mm 宽，457mm 长（EFG：EdgedefinedFilmFed – Growth，定边喂膜生长）。

1977 年世界光伏电池总量超过 500kW；D. E. Carlson 和 C. R. Wronski 在 W. E. Spear 的 1975 年控制 p – n 结的工作基础上制成世界上第一个非晶硅（a – Si）太阳能电池。

1979 年世界太阳能电池安装总量达到 1MW。

1980 年 ARCO 太阳能公司成为世界上第一个年产量达到 1MW 光伏电池生产厂家；三洋电气公司利用非晶硅电池率先制成手持式袖珍计算器，接着完成了非晶硅组件的批量生产并进行了户外测试。

1981 年名为 SolarChallenger 的光伏动力飞机飞行成功。

1983 年世界太阳能电池年产量超过 21.3MW；名为 SolarTrek 的 1kW 光伏动力汽车穿越澳大利亚，20 天内行程达到 4000km。

1984 年面积为 $929cm^2$ 的商品化非晶硅太阳能电池组件问世。

1985 年单晶硅太阳能电池售价 10USD/W；澳大利亚新南威尔士大学 MartinGreen 研制单晶硅的太阳能电池效率达到 20%。

1986 年 6 月，ARCOSolar 发布 G - 4000——世界首例商用薄膜电池"动力组件"。

1987 年 11 月，在 3100km 穿越澳大利亚的 PentaxWorldSolarChallengePV - 动力汽车竞赛上，GMSunraycer 获胜，平均时速约为 71km/h。

1991 年世界太阳能电池年产量超过 55.3MW；瑞士 Gratzel 教授研制的纳米 TiO2 染料敏化太阳能电池效率达到 7%。

1992 年联合国在巴西召开了"世界环境与发展大会"，会议通过了《里约热内卢环境与发展宣言》《21 世纪议程》和《联合国气候变化框架公约》等一系列重要文件。这次会议以后，世界各国加强了清洁能源技术的开发，将利用太阳能与环境保护结合在一起。

1995 年世界太阳能电池年产量超过 77.7MW；光伏电池安装总量达到 500MW。

1996 年，联合国在津巴布韦召开"世界太阳能高峰会议"，发表了《哈拉雷太阳能与持续发展宣言》，会议上讨论了《世界太阳能 10 年行动计划》（1996—2005），《国际太阳能公约》《世界太阳能战略规划》等重要文件，这次会议进一步表明了联合国和世界各国对加强使用太阳能的坚定决心，要求全球共同行动，泛利用太阳能。

1998 年世界太阳能电池年产量超过 151.7MW；多晶硅太阳能电池产量首次超过单晶硅太阳能电池。

1999 年世界太阳能电池年产量超过 201.3MW；美国 NREL 的 M. A. Contreras 等报道铜铟锡（CIS）太阳能电池效率达到 18.8%；非晶硅太阳能电池占市场份额 12.3%。

2000 年世界太阳能电池年产量超过 399MW；WuX.，DhereR. G.，AibinD. S. 等报道碲化镉（CdTe）太阳能电池效率达到 16.4%；单晶硅太阳能电池售价约为 3USD/W。

2002 年世界太阳能电池年产量超过 540MW；多晶硅太阳能电池售价约为 2.2USD/W。

2003 年世界太阳能电池年产量超过 760MW；德国 FraunhoferISE 的 LFC（Laserfired – contact）晶体硅太阳能电池效率达到 20%。

2004 年世界太阳能电池年产量超过 1200MW；德国 FraunhoferISE 多晶硅太阳能电池效率达到 20.3%；非晶硅太阳能电池占市场份额 4.4%，降至 1999 年的 1/3，CdTe 占 1.1%；而 CIS 占 0.4%。

2005 年到 2019 年，世界太阳能电池年产量从 1759MW 逐年增加到了 140100MW，产量跃升了近 80 倍。不难看出，世界各国对发展太阳能的热情不减，太阳能电池扩产脚步不停，全球电池片产能不断提升，产业规模持续扩大，也从侧面反映了各国不断探索清洁能源发展的历史趋势。并且，随着政策扶持、资金投入和技术创新，太阳能的发展前景充满无限可能。

二、中国光伏发展史

中国光伏发展的部分历史如图 1 – 3 所示，具体如下：

1958，中国研制出了首块硅单晶。

1968 年至 1969 年底，半导体所承担了为"实践 1 号卫星"研制和生产硅太阳能电池板的任务。在研究中，研究人员发现，P+/N 硅单片太阳电池在空间中运行时会遭遇电子辐射，造成电池衰减，使电池无法长时间在空间运行。

1969 年，半导体所停止了硅太阳电池研发，随后，天津 18 所为东方红二号、三号、四号系列地球同步轨道卫星研制生产太阳电池阵列。

1975 年宁波、开封先后成立太阳电池厂，电池制造工艺模仿早期生产空间电池的工艺，太阳能电池的应用开始从空间降落到地面。

1998 年，中国政府开始关注太阳能发电，拟建第一套 3MW 多晶硅电池及应用系统示范项目，这个消息让现在的天威英利新能源有限公司的董事长苗连生看到了一线曙光。可是，当时太阳能产业发展前景尚不明朗，加之受政

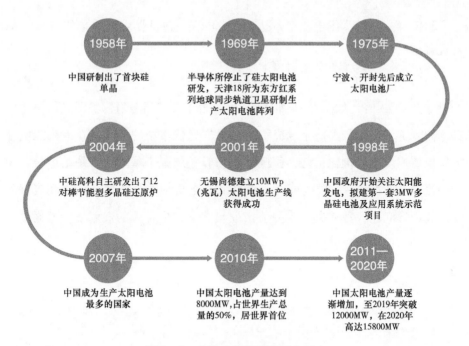

图1-3　中国光伏发展的部分历史

策因素制约，不少人对这一新能源项目望而却步。在合作伙伴退出的情况下，苗连生毅然逆势而上，争取到了这个项目的批复，成为中国太阳能产业第一个"吃螃蟹"的人。

2001 年，无锡尚德建立 10MWp（兆瓦）太阳电池生产线获得成功，2002年 9 月，尚德第一条 10MW 太阳电池生产线正式投产，产能相当于此前四年全国太阳电池产量的总和，一举将我国与国际光伏产业的差距缩短了 15 年。

2003 到 2005 年，在欧洲特别是德国市场的拉动下，尚德和保定英利持续扩产，其他多家企业纷纷建立太阳电池生产线，使我国太阳电池的产量迅速增长。

2004 年，洛阳单晶硅厂与中国有色设计总院共同组建的中硅高科自主研发出了 12 对棒节能型多晶硅还原炉，以此为基础，2005 年，国内第一个 300吨多晶硅生产项目建成投产，从而拉开了中国多晶硅大发展的序幕。

2007 年，中国成为生产太阳电池最多的国家，产量从 2006 年的 400MW一直上升，达到 1088MW。

2010 年,中国太阳电池产量达到 8000MW,占世界生产总量的 50%,居世界首位。

2011 年到 2020 年,中国太阳能电池产量从 12980MW 增加至 157000MW,产量跃升了 12 倍(如图 1-4 所示)。经过近十几年的努力,我国光伏技术已经远超欧美,我国光伏企业也成了当今世界光伏市场的领跑者,太阳能电池持续保持产量和性价比优势,国际竞争力日益增强,基本位于统治地位,但中国光伏产业在快速发展的同时也存在着缺乏更加成熟的商业模式和良好的品牌建设等问题,需要进一步完善产业模式,在更合理的规划下,探索中国光伏产业更成熟的发展方向。

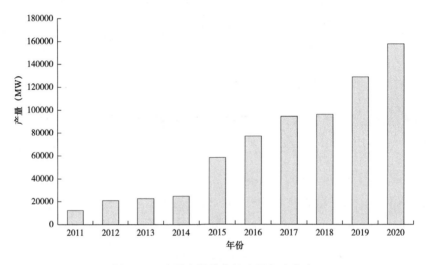

图 1-4　中国太阳能电池产量年度分布

三、国家规划对光伏发电提出的系列要求

2013 年之后,国务院、国家能源局、发改委、国家电网、国家开发银行工信部等单位公布了系列政策,从电价补贴梯度、并网保障、资金支持等各方面提供了政策支撑。

2013 年 7 月 4 日,国务院发布《关于促进光伏行业健康发展的若干意见》(国发〔2013〕24 号),明确到 2015 年中国总装机容量将达到 35GW 以上。

并且，第一次从源头厘清和规范了补贴年限、电价结算、电量上网等核心问题。

2013 年 8 月 9 日，国家能源局发布《关于开展分布式光伏发电应用示范区建设的通知》（国能新能〔2013〕296 号），批准了 18 个示范区，扩大了分布式光伏发电应用市场，标志着我国分布式光伏发电规模化推广的计划正式启动。

2013 年 8 月 22 日，为充分发挥金融杠杆作用，引导社会资金投入，有效激发分布式光伏发电投资，国家能源局、国家开发银行决定联合支持分布式光伏发电金融服务创新，发布了《关于支持分布式光伏发电金融服务的意见》（国能新能〔2013〕312 号），提出了支持光伏项目融资和建立融资平台的方案。

2013 年 8 月 27 日，国务院发布《关于发挥价格杠杆作用促进光伏产业健康发展的通知》（发改价格〔2013〕1638 号），发布了光伏上网电价政策和分布式光伏度电补贴标准，确定了 I、II、III 类资源区分别为 0.9、0.98 元/（kW·h）和 1 元/（kW·h）的标杆电价，并给予分布式光伏 0.42 元/（kW·h）的补贴。此后，国内光伏电站开发不再是一事一议的"审批电价"，这开启了国内光伏行业发展的黄金时期，标志着我国光伏"度电补贴"时代的到来。

2014 年 10 月 11 日，国家能源局、国务院扶贫开发领导小组办公室（现国家乡村振兴局）联合印发《关于实施光伏扶贫工程工作方案》（国能新能〔2014〕447 号），决定利用 6 年时间组织实施光伏扶贫工程，这是扶贫工作的新途径，也是扩大光伏市场新领域的有效措施。

2015 年 6 月 9 日，工业和信息化部与国家能源局、国家认监委联合印发《关于促进先进光伏技术产品应用和产业升级的意见》（国能新能〔2015〕194 号），通过采取综合性政策措施，支持先进光伏技术产品扩大应用市场，深入加强光伏行业管理，推动我国光伏产业健康持续发展，开启第一批领跑者基地。2015 年 12 月 22 日，国家发展改革委发出《关于完善陆上风电光伏发电上网标杆电价政策的通知》（发改价格〔2015〕3044 号），决定调整新建陆上风电和光伏发电上网标杆电价政策，下调集中式光伏电站标杆电价，Ⅰ、Ⅱ、Ⅲ类分别为 0.80、0.88、0.98 元／（kW·h）。

2016 年 3 月 3 日，国家能源局发布《国家能源局关于建立可再生能源开发利用目标引导制度的指导意见》（国能新能〔2016〕54 号），进行能源结构调整，提出保障实现 2020、2030 年非化石能源占一次能源消费比重分别达到 15%、20% 的能源发展战略目标，建立明确的可再生能源开发利用目标。

2017 年 11 月 21 日，工信部等 16 部门发文《关于印发发挥民间投资作用推进实施制造强国战略指导意见的通知》（工信部联规〔2017〕243 号），支持具有国际竞争力的光伏等优势产业，积极加强国际布局，提出从改善市场制度环境、完善公共服务体系、健全人才激励体系、发挥财税引导支持作用、规范产融合作和支持五大方面来支持民间投资在推进实施制造强国战略中积极发挥作用，推进民营企业拓展国际新兴市场。

2018 年 5 月 31 日，针对补贴下的分布式光伏迅猛增长，部分地区呈现出发展过快，与电网不协调等问题，国家能源局发布《关于 2018 年光伏发电有关事项的通知》（发改能源〔2018〕823 号）（"531"新政），决定适当下调分布式光伏发电度电补贴标准。新投运的、采用"自发自用、余电上网"模式的分布式光伏发电项目，全电量度电补贴降低 5 分，补贴标准由每千瓦时 0.37 元调整为 0.32 元。采用"全额上网"模式的分布式光伏发电按普通电站管理。

2019 年 1 月 7 日，为促进可再生能源高质量发展，提高风电、光伏发电的市场竞争力，国家发改委、国家能源局联合印发《关于积极推进风电、光伏发电无补贴平价上网有关工作的通知》（发改能源〔2019〕19 号），明确了优化平价上网项目和低价上网项目投资环境，鼓励平价上网项目和低价上网项目通过绿证交易获得合理收益补偿等。

2020 年 3 月 31 日，国家发展改革委发布《关于 2020 年光伏发电上网电价政策有关事项的通知》（发改价格〔2020〕511 号），提出将纳入国家补贴范围的Ⅰ、Ⅱ、Ⅲ类资源区新增集中式光伏电站指导价，对集中式光伏发电继续制定指导价。

2021年6月20日，国家能源局综合司正式下发《关于报送整县（市、区）屋顶分布式光伏开发试点方案的通知》，拟在全国组织开展整县（市、区）推进屋顶分布式光伏开发试点工作。《通知》明确，党政机关建筑屋顶总面积可安装光伏发电比例不低于50%；学校、医院、村委会等公共建筑屋顶总面积可安装光伏发电比例不低于40%；工商业厂房屋顶总面积可安装光伏发电比例不低于30%；农村居民屋顶总面积可安装光伏发电比例不低于20%。

根据中国"碳达峰"和"碳中和"的目标，一般预计，在"十四五"期间，国内年均新增光伏装机规模将达70GW，乐观预计规模将达到90GW。"十四五"装机目标有望得到大幅提高，到2025年，光伏在所有可再生的能源新增装机里的占比将达60%，而整个可再生能源在新增装机里的占比将达到95%；到2030年，风电、太阳能发电总装机容量将达到1200GW以上。到2025年，非化石能源消费占一次能源消费的比重达到20%左右；到2030年，非化石能源消费占一次能源消费的比重达到25%左右。"十四五"期间将推进示范项目建设，推动光伏制氢、"光伏＋储能"、光伏直供等新兴产业，并实施一批行动计划，促进光伏发电多点开花。

按照目标导向和责任共担原则，国家下达了2021年度及"十四五"末各省级行政区域可再生能源电力消纳责任权重。各省级能源主管部门依据本区域非水电消纳责任权重，积极推动本地区风电、光伏发电项目建设和跨省区电力交易，合理确定本地区2021年风电、光伏发电项目年度新增并网规模和新增核准（备案）规模，认真组织做好项目开发建设和储备工作。在确保安全前提下，鼓励有条件的户用光伏项目配备储能。户用光伏发电项目由供电企业保障并网消纳。

展望未来，我国光伏市场在碳中和目标指引下仍然有望维持中长期增长势头。

第二节　分布式光伏发电的概念

【关键要点】

　　光伏发电是利用半导体界面的光生伏特效应，将光能直接转变为电能的一种技术。而分布式光伏发电是指在用电场地附近建设，采用光伏组件直接将太阳能转换为电能，遵循因地制宜、清洁高效、分散布局的特点，就近利用的发电系统。本节主要从光伏发电的概念、分布式光伏发电的概念、分布式光伏发电和光伏电站的区分、光伏发电的优势四部分介绍。分布式光伏发电的概念关键要点如图1－5所示。

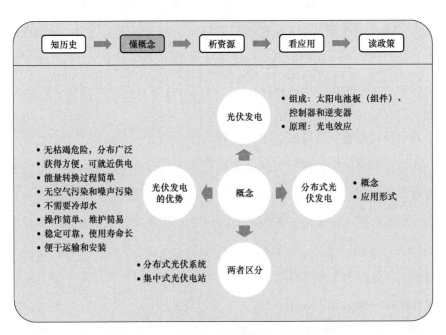

图1－5　分布式光伏发电的概念关键要点

【必备知识】

光伏发电概念和优势、分布式光伏发电概念以及两者的区别。

一、光伏发电概念

光伏发电是利用半导体界面的光生伏特效应而将光能直接转变为电能的一种技术，主要由太阳电池板（组件）、控制器和逆变器三大部分组成，其主要部件由电子元器件构成。光伏发电的主要原理是半导体的光电效应，当光子照射到金属上时，它的能量可以被金属中某个电子全部吸收，电子吸收的能量足够大，能克服金属内部引力做功，离开金属表面逃逸出来，成为光电子。光电效应是光照使不均匀半导体或半导体与金属结合的不同部位之间产生电位差的现象。它首先是由光子（光波）转化为电子，再由光能量转化为电能量的过程，而后是形成电压过程。

二、分布式光伏发电的概念

分布式光伏发电特指在用电场地附近建设，采用光伏组件，将太阳能直接转换为电能，遵循因地制宜，清洁高效，分散布局，就近利用的发电系统。

分布式光伏发电是一种新型的，具有光伏发展前景的发电和能源综合利用方式，倡导就近发电，就近并网，就近转换及就近使用的原则。

分布式光伏发电形式多样，包括并网型、离网型及多能互补微网等。其中并网型分布式发电应用于用户附近，一般与中、低压配电网并网运行，自发自用。当不能发电或电力不足时则会从电网上购电，电力多余时向网上售电。离网型分布式光伏发电常应用于海岛和边远地区，它不与大电网连接，而是利用自身的发电系统和储能系统直接向负荷供电。分布式光伏系统还可以与其他发电方式（如水、风、光等）组成多能互补微电系统，既可以作为微电网独立运行，也可以并入电网联网运行。

三、分布式光伏发电和光伏电站的区分

（一）分布式光伏系统

主要基于建筑物表面，就近解决用户的用电问题，通过并网实现供电差额的补偿与外送。

（二）集中式光伏电站

利用荒漠地区和相对稳定的太阳能资源构建大型光伏电站，接入高压输电系统。

（三）二者区分

（1）10kV 及以下，单个并网点总装机容量不超过 6MW 的，无论是否全额上网均为分布式光伏。

（2）10kV 接入且容量超过 6MW 和 35kV 接入的，若有自发自用电量属于分布式光伏，若全额上网属于光伏电站。

特殊情况：建在地面或利用农业大棚等无电力消费设施上网的属于光伏电站。即建在固定建筑物（有房产证）的屋顶或墙面属于分布式光伏，建在构建物（临时搭建无房产证）的均属于光伏电站。

四、光伏发电的优势

光伏发电的优势如图 1-6 所示，具体体现为：

（1）太阳能资源无枯竭危险，照射到地球上的太阳能要比人类目前消耗的能量大 6000 倍。而且太阳能在地球上分布广泛，不受地域、海拔等因素的限制，任何有光照的地方都可以使用光伏发电系统。

（2）太阳能资源获得方便，可就近供电，避免了长距离输电线路所造成的电能损失。

（3）光伏发电的能量转换过程简单，是直接从光能转换到电能，没有其他能量转换过程（如热能转换为机械能、机械能转换为电磁能等），不存在机械运动导致的磨损。根据热力学分析，光伏发电具有 80% 以上的理论发电效

率，技术开发潜力巨大。

（4）光伏发电过程不使用燃料，不会排放包括温室气体和其他废气在内的任何有害气体，无空气污染和噪声污染，对环境友好，也不会遭受能源危机或燃料市场摇摆造成的冲击，是真正绿色环保的新型可再生能源。

（5）光伏发电过程不需要冷却水，可以安装在缺水的荒漠戈壁上。光伏发电还可以轻易地与建筑物结合，构成光伏建筑一体化发电系统，无需单独占地，可节省宝贵的土地资源。

（6）光伏发电无机械传动部件，操作简单、维护简易，运行稳定可靠。一套光伏发电系统只要有太阳能电池组件就能发电，同时光伏发电广泛采用了自动控制技术，基本上可实现无人值守，维护成本低。

（7）光伏发电系统工作性能稳定可靠，使用寿命长（30年以上）。不仅晶体硅太阳能电池寿命长达20～35年，而且在光伏发电系统中，只要设计合理、选型适当，蓄电池的寿命也可达10～15年。

（8）太阳能电池组件结构简单、体积小、重量轻，便于运输和安装。光伏发电系统建设周期短，可根据用电负荷容量调整大小，方便灵活，便于组合、扩容。

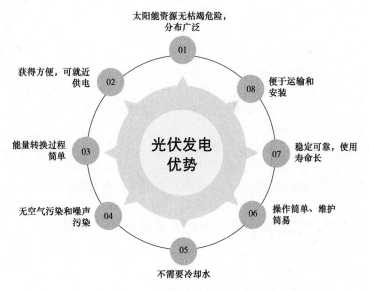

图1-6 光伏发电的优势

第三节　我国太阳能资源的分布和特点

⚙ **【关键要点】** ────────────────────

　　本节主要从辐射角度和经纬角度介绍我国太阳能资源的分布和特点。从辐射角度来看，我国太阳能资源分布的主要特点有以下：太阳能的高值中心和低值中心都处在北纬22°～35°这一带；从经纬角度看，中国地处北半球欧亚大陆的东部，主要处于温带和亚热带，具有比较丰富的太阳能资源。我国太阳能资源的分布和特点关键要点如图1-7所示。

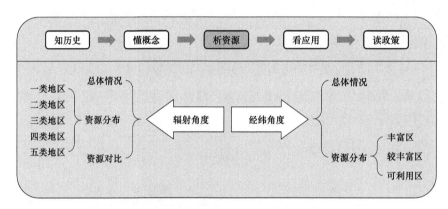

图1-7　我国太阳能资源的分布和特点关键要点

 【必备知识】 ────────────────────

　　从辐射角度和经纬角度看我国太阳能资源的分布和特点。

一、从辐射角度看我国太阳能资源分布

(一) 总体情况

我国太阳能资源分布的主要特点有以下：太阳能的高值中心和低值中心

都处在北纬22°~35°这一带，其中青藏高原是高值中心，四川盆地是低值中心；西部地区的太阳年辐射总量高于东部地区，而且除西藏和新疆两个自治区外，基本上是南部低于北部；由于南方多数地区云雾雨多，在北纬30°~40°地区，太阳能的分布情况与一般的太阳能随纬度而变化的规律相反，即太阳能不是随着纬度的增加而减少，而是随着纬度的增加而增长。

（二）资源分布

按接受太阳能辐射量的大小，全国大致上可分为五类地区：

1. 一类地区

全年日照时数为3200~3300h，辐射量在670~837×104kJ/（cm²·a），相当于225~285kg标准煤燃烧所发出的热量。主要包括青藏高原、甘肃北部、宁夏北部和新疆南部等地。这是我国太阳能资源最丰富的地区，与印度和巴基斯坦北部的太阳能资源相当。特别是西藏，其地势高，太阳光的透明度也好，太阳辐射总量最高值达921kJ/（cm²·a），仅次于撒哈拉大沙漠，居世界第二位，其中拉萨是世界著名的阳光城。

2. 二类地区

全年日照时数为3000~3200h，辐射量在586~670×104kJ/（cm²·a），相当于200~225kg标准煤燃烧所发出的热量。主要包括河北西北部、山西北部、内蒙古南部、宁夏南部、甘肃中部、青海东部、西藏东南部和新疆南部等地。此区为我国太阳能资源较丰富区。

3. 三类地区

全年日照时数为2200~3000h，辐射量在502~586×104kJ/（cm²·a），相当于170~200kg标准煤燃烧所发出的热量。主要包括山东、河南、河北东南部、山西南部、新疆北部、吉林、辽宁、云南、陕西北部、甘肃东南部、广东南部、福建南部、江苏北部和安徽北部等地。

4. 四类地区

全年日照时数为1400~2200h，辐射量在419~502×104kJ/（cm²·a），相当于140~170kg标准煤燃烧所发出的热量。主要是长江中下游、福建、浙江和广东的一部分地区，春夏多阴雨，秋冬季太阳能资源还可以。

5. 五类地区

全年日照时数约 $1000 \sim 1400h$，辐射量在 $335 \sim 419 \times 104kJ/(cm^2 \cdot a)$，相当于 $115 \sim 140kg$ 标准煤燃烧所发出的热量。主要包括四川、贵州两省。此区是我国太阳能资源最少的地区。

（三）资源对比

在二、三类地区，年日照时数大于 2000h，辐射总量高于 $586kJ/(cm^2 \cdot a)$。它们是我国太阳能资源丰富或较丰富的地区，面积较大，约占全国总面积的 2/3 以上，具有利用太阳能的良好条件。虽然四、五类地区的太阳能资源条件较差，但仍有一定的利用价值。

二、从经纬度角度看我国太阳能资源分布

（一）总体情况

中国地处北半球欧亚大陆的东部，主要处于温带和亚热带，具有比较丰富的太阳能资源。根据全国 700 多个气象台站长期观测积累的资料表明，中国各地的太阳辐射年总量大致在 $3.35 \times 103 \sim 8.40 \times 103MJ/m^2$ 之间，其平均值约为 $5.86 \times 103MJ/m^2$。该等值线从大兴安岭西麓的内蒙古东北部开始，向南经过北京西北侧，朝西偏南至兰州，然后径直朝南至昆明，最后沿横断山脉转向西藏南部。在该等值线以西和以北的广大地区，除天山北面的新疆小部分地区的年总量约为 $4.46 \times 103MJ/m^2$ 外，其余绝大部分地区的年总量都超过 $5.86 \times 103MJ/m^2$。

（二）资源分布

全国太阳辐射总量等级和区域分布如表 1 – 1 所示，其主要体现为：

太阳能丰富区：在内蒙中西部、青藏高原等地，年总辐射在 $150kcal/cm^2$ 以上。

太阳能较丰富区：北疆及内蒙古东部等地，年总辐射约 $130 \sim 150kcal/cm^2$。

太阳能可利用区：分布在长江下游、两广、贵州南部和云南，及松辽平

原，年总辐射量为110～130kcal/cm²。

表 1－1　　　　　　全国太阳辐射总量等级和区域分布

名称	年总量（MJ/m²）	年总量（kW·h/m²）	年平均辐照度（W/m²）	占国土面积（%）	主要地区
最丰富带	≥6300	≥1750	约≥200	约22.8	内蒙古额济纳旗以西、甘肃酒泉以西、青海100°E以西大部分地区、西藏94°E以西大部分地区、新疆东部边缘地区、四川甘孜部分地区
很丰富带	5040～6300	1400～1750	约160～200	约44.0	新疆大部、内蒙古额济纳旗以东大部、黑龙江西部、吉林西部、辽宁西部、河北大部、北京、天津、山东东部、山西大部、陕西北部、宁夏、甘肃酒泉以东大部、青海东部边缘、西藏94°E以东、四川中西部、云南大部、海南
较丰富带	3780～5040	1050～1400	约120～160	约29.8	内蒙古50°N以北、黑龙江大部、吉林中东部、辽宁中东部、山东中西部、山西南部、陕西中南部、甘肃东部边缘、四川中部、云南东部边缘、贵州南部、湖南大部、湖北大部、广西、广东、福建、江西、浙江、安徽、江苏、河南
一般带	<3780	<1050	约<120	约3.3	四川东部、重庆大部、贵州中北部、湖北110°E以西、湖南西北部

第四节　资源开发潜力与应用

【关键要点】

本节主要从推进能源清洁低碳转型、发展与能耗的平衡、"多种模式"推动"加速跑"、光伏助力乡村振兴四点来介绍光伏资源的开发潜力与应用。首先推进能源清洁低碳转型，关键是加快发展非化石能源，尤其风电、太阳能发电等新能源；其次要缓解经济发展与资源环境之间的矛盾，并不是单纯减少能源的消耗，而是要开发新的清洁能源，提高经济绿色化程度，走可持续发展道路；此外为了保证包含光伏的微电网系统的安全稳定和电能质量，可根据用户侧负荷的特性曲线和光伏发电出力的变化配备一定量的储能系统。接着发展光伏与乡村振兴相结合，最后组织实施"零碳"工业园区、工商业分布式规模化开发、光储充智慧配电系统多种模式开发建设，推动分布式光伏发展"加速跑"，促进全市能源结构由偏煤向绿色低碳加速转型。资源开发潜力与应用关键要点如图1-8所示。

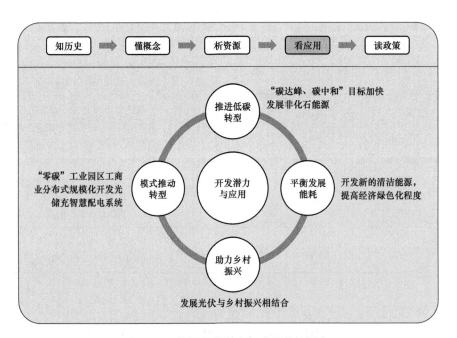

图1-8 资源开发潜力与应用关键要点

【必备知识】─────────────────────────────

光伏资源的开发潜力与应用包含推进能源清洁低碳转型、发展与能耗的平衡、"多种模式"推动"加速跑"、光伏助力乡村振兴。

一、推进能源清洁低碳转型

2020 年 9 月 22 日，习近平总书记在第七十五届联合国大会一般性辩论上宣布，中国将采取更加有力的政策和措施，二氧化碳排放力争于 2030 年前达到峰值，努力争取 2060 年前实现碳中和。12 月 12 日，习近平总书记在气候雄心峰会上进一步宣布，到 2030 年，中国单位国内生产总值二氧化碳排放将比 2005 年下降 65% 以上，非化石能源占一次能源消费比重将达到 25% 左右，风电、太阳能发电总装机容量将达到 12 亿 kW 以上。习近平总书记提出"碳达峰、碳中和"目标，是党中央做出的重大战略决策，也是一项重大的政治任务，不仅是一个应对气候变化的发展目标，更是一个经济社会发展的战略目标，体现了我国未来发展的价值方向，对构建以国内大循环为主体、国内国际双循环相互促进的新发展格局有深远重大的意义。

加快发展非化石能源，尤其风电、太阳能发电等新能源是推进能源清洁低碳转型的关键。我国 95% 左右的非化石能源主要通过转化为电能加以利用。电网连接电力生产和消费，不仅是重要的网络平台，更是能源转型的中心环节，还是电力系统碳减排的核心枢纽，要在满足经济社会发展的用电需求的基础上保障新能源大规模开发和高效利用。在能源供给侧，构建多元化清洁能源供应体系，坚持集中开发与分布式并举，鼎力推进清洁能源的发展，最大限度开发利用风电、太阳能发电等新能源；在能源技术上，加快创新，提高新能源发电机组涉网性能，加速光热发电技术推广应用。推进大容量高电压风电机组、光伏逆变器创新突破，加快大容量、高密度、高安全、低成本储能装置研制。预计在 2025、2030 年，将非化石能源占一次能源消费比重增加到 20%、25%。加快构建坚强智能电网，推进各级电网协调发展，支持新能源优先就地就近并网消纳，加大跨区输送清洁能源力度，优化送端配套电源结构，提高清洁能源接纳能力和输送清洁能源比重。新增跨区输电通道以输送清洁能源为主，"十四五"规划建成 7 回特高压直流，新增输电能力 5600 万 kW。到 2025 年，公司经营区跨省跨区输电能力达到 3.0 亿 kW，分布式光伏达到 1.8 亿 kW，输送清洁能源占比达到 50%。支持分布式电源和微电网发展，为分布式电源提供一站式全流程免费服务。加强配电网互联互通和智能控制，满足分布式清洁能源并网和多元负荷用电需要。做好并网型微电网接入服务，发挥微电网就地消纳分布式电源、集成优化供需资源作用。持续提升系统调节能力，积极推动"光伏+储能"的发展，提高分布式电源利用效率。开辟风电、太阳能发电等新能源配套电网工程建设"绿色通道"，确保电网电源同步投产。到 2030 年，公司经营区风电、太阳能发电总装机容量将达到 10 亿 kW 以上。

二、发展与能耗的平衡

经济社会发展的重要基础是能源，能源生产消费与习近平生态文明建设密切相关。随着工业社会的发展，我国已经成为世界能源生产和消费的第一大国。生产和消费的扩大使得国内能源需求不断增长，但能源短缺以及能源利用过程带来的环境污染问题制约了习近平生态文明建设。近几年，中国的习近平生态文明建设已经迫在眉睫，雾霾天气的肆虐，洪涝灾害的频发，垃圾围城的困扰无一不宣告着这一事实。生态文明的建设不仅关系美丽人居环境，更关乎民族的未来。2013 年，总书记在十八届中共中央政治局第六次集体学习时强调，生态环境保护是功在当代、利在千秋的事业。真正下决心把环境污染治理好、把生态环境建设好，努力走向社会主义生态文明新时代，为人民创造良好生产生活环境。

在经济发展新常态下，单纯减少能源的消耗无法从根本上缓解经济发展与资源环境之间的矛盾，而是要开发新的清洁能源，提高经济绿色化程度，走可持续发展道路。

在科技创新推动绿色发展的浪潮中，光伏产业顺势而为，成为新能源中的一匹黑马。农光互补、渔光互补等丰富的应用模式，可以因地制宜，形成新的绿色支柱产业；异军突起的工商业光伏则可以帮助企业节省用电成本，同时工商业光伏还具备一定隔热功能，能够进一步降低企业空调能耗，让清洁电力持续增效。

三、"多种模式"推动"加速跑"

近年来，分布式光伏推广应用被许多地方政府作为稳增长、调结构、促改革、惠民生的着力点，组织实施"零碳"工业园区、工商业分布式规模化开发、光储充智慧配电系统"多种模式"开发建设，推动分布式光伏发展"加速跑"，推进全市能源结构由偏煤向绿色低碳加速转型（如图1-9所示）。

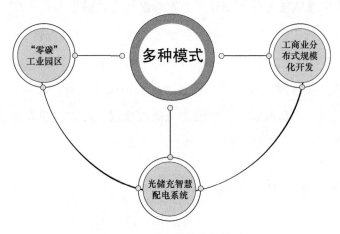

图1-9 "多种模式"推动

"零碳"工业园区。主要借助厂房屋顶、闲置土地建设分布式光伏发电，通过项目自身调控、系统互动，最大限度地就地消纳光伏发电，减轻系统调峰压力。济宁海螺水泥工厂分布式光伏发电、分散式风力发电、工厂余热发电和垃圾处理发电等多种绿色发电方式的建设，逐步实现企业用电全为绿电，成为全省首个"零碳"工业园区示范项目。

工商业分布式规模化开发。按照光伏建筑一体化的标准对新增建筑屋顶、工商业和公共建筑、新建工业企业同步设计、同步建设屋顶光伏电站。济宁新建华勤工业园坐拥140多万平方米的建筑面积，华禧新能源科技有限公司投资3.6亿元，进行工商业分布式规模化开发，建成9.5万kW分布式光伏发电站，年均发电量9500万kW·h。

光储充智慧配电系统。推进开展建设集储能应急电源、光储一体化、新基建充电桩建设为一体的光储充智慧配电系统。济宁横河煤矿光储充智慧配电系统利用闲置场址安设多种微网调度管理，包括光伏车棚、储能装置、电动汽车充电桩，通过能量路由、信息采集、负荷管理、电能调节、离网运行等，实现分布式光伏发电与电力系统自动协调、智慧运行，成为山东首个光储充一体化综合能源管理示范项目。

光伏发电系统在能源供给中所占比例随着分布式发电技术的发展越来越高。但独立的光伏发电由于受日照强度和温度变化的影响具有随机性、间歇性和波动性，当其在微电网系统中渗透率较大时，必将对系统的安全和稳定运行产生影响。为了保证包含光伏的微电网系统的安全稳定和电能质量，可根据用户侧负荷的特性曲线和光伏发电出力的变化配备一定量的储能系统。不仅可为工业企业和家庭等需求侧用户提供稳定、可靠、经济的多能互补供给解决方案，也可以缓解当前的能源紧张局面。

四、光伏助力乡村振兴

实施乡村振兴战略，是党的十九大作出的重大决策部署，是决胜全面建成小康社会、全面建设社会主义现代化国家的重大历史任务，是新时代"三农"工作的总抓手。当前，我国发展不平衡不充分问题在乡村最为突出，实施乡村振兴战略，是解决人民日益增长的美好生活需要和不平衡不充分的发展之间的矛盾的必然要求，是实现"两个一百年"奋斗目标的必然要求，是实现全体人民共同富裕的必然要求。

2021年2月21日，中央一号文件《中共中央国务院关于全面推进乡村振兴加快农业农村现代化的意见》正式发布。文件明确：要加强乡村公共基础设施建设，实施乡村清洁能源建设工程；加大农村电网建设力度，全面巩固提升农村电力保障水平；推进燃气下乡，支持建设安全可靠的乡村储气罐站和微管网供气系统；发展农村生物质能源；加强煤炭清洁化利用。

光伏不仅给乡村产业提供了高效、持续发展的模式，也是改变乡村生态环境和人居环境的重要力量。例如在乡村振兴中广泛应用的屋顶光伏发电，一方面可以改变化石能源用电、取暖带来的环境问题；另一方面，还可以给老百姓的生产经营提供清洁能源。这种光伏产品安装便捷，在老百姓的屋顶就可以建设，它在提升乡村百姓经济收益的同时，还能改善生态环境守住绿水青山，提升老百姓富裕程度和生活幸福指数。

从目前我国农村自建房屋的建设情况看，大部分自建房屋的屋顶可利用资源丰富，且光照条件充足，适合安装户用光伏发电。以每户 100 平屋顶面积计算，可以安装 10kW 光伏电站，按三类资源计算每年可发电 13000kW·h，可获收益 5200 元，设备投资约 3 万元，预计 5 年即可收回成本，30 年预计收益可达 12 万多元，是农村创收的重要途径之一。光伏扶贫是农业、能源、脱贫三者的完美结合，"一石三鸟"开启了脱贫攻坚战的新打法，吹响了乡村振兴的号角，这将是一场攻坚战，更是一场持久战。全力建设美丽乡村，带动农民脱贫致富，多渠道的光伏助农开启了乡村振兴"快进"模式。

光伏助力乡村振兴项目作为民生工程，既可通过盘活农村闲置屋顶，释放农村发展活力，又能破解村集体经济收入少的难题，助力村集体增收和农户脱贫致富。近年，各类光伏帮扶项目捷报频传：

其一，2018 年 4 月，浙江省委开启了"乡村振兴"的浙江探索。浙能集团与多个乡村先后签订帮扶协议，当年完成"光伏消薄"四个结对村光伏工程项目，累计投入帮扶资金 1970 万元，建成了 3.4MW 光伏发电站，每年为村集体创收 160 万元，收益期超 20 年以上。

截至 2020 年年底，这些乡村的光伏消薄项目共发电 642.4kW·h，累计收益 290 万元，提前全面完成每村每年 10 万元的消薄目标。据统计，帮扶前各村集体经济收入平均为 9.155 万元，帮扶后各村集体经济收入平均为 56.695 万元，集体收入平均增幅达到 519%，其中有的乡村 2020 年村集体经济首次突破百万元大关。

其二，农光互补是利用建设棚顶光伏工程实现清洁能源发电，最终并入国家电网，同时在棚下将光伏科技与现代物理农业有机结合，发展现代高效农业，既具有无污染零排放的发电能力，又不额外占用土地，可实现土地立体化增值利用，实现光伏发展和农业生产双赢。

农光互补工程依据农业生产的品类不同，可分为冬暖式反季节光伏农业大棚、弱光型光伏农业大棚、光伏养殖农业大棚等不同方式。

冬暖式反季节光伏农业大棚主要种植反季节瓜果类蔬菜，要求冬季保温效果好。主要利用太阳能电池板和透光玻璃代替常用的塑料薄膜。从收益来看，这种大棚及发电系统总投资约 80 万元，发电年收入 10.8 万元，农业纯收入 8 万元，两项收益年可达 18.8 万元。

弱光型光伏农业大棚主要种植菌类等弱光作物，对光照要求低，对保温效果要求高。主要利用太阳能电池板代替常用的塑料薄膜。从收益来看，这种大棚及发电系统总投资 180 万元，发电年收入 28.8 万元，农业纯收入 10 万元，两项收益年可达 38.8 万元。

光伏养殖农业大棚主要是进行畜牧养殖，是一种钢结构连栋温室模式。该模式下光伏大棚能够最大限度利用土地资源，棚顶全覆盖太阳能组件，棚下进行畜牧养殖。从收益来看，1MW 棚体及发电系统总投资为 950 万元，发电年收入 144 万元，出租养殖大棚每亩 3 万元，1MW 收益 60 万，两项收益年可达 204 万元。

其三，"渔光互补"是指渔业养殖与光伏发电相结合，在鱼塘水面上方架设光伏板阵列，光伏板下方水域可以进行鱼虾养殖，光伏阵列还可以为养鱼提供良好的遮挡作用，形成"上可发电、下可养鱼"的发电新模式。

2017 年 1 月 11 日，中国最大规模"渔光互补"光伏发电项目在浙江省宁波市慈溪周巷水库和长河水库投运。该项目总投资 18 亿元人民币，总水域面积达 4492 亩，总装机容量达 200MW，预计年均发电量约 2.2 亿 kW·h，以普通家庭每月用电 200kW·h、年用电 2400kW·h 计算，可以满足 10 万户家庭一年的用电量，相当于节约标准煤 7.04 万 t。

第五节　助力社会发展的相关光伏政策解读

【关键要点】————————————————————

　　助力社会发展的相关光伏政策主要从金太阳示范工程、光伏扶贫工程、光伏小康工程三个案例解读。助力社会发展的相关光伏政策解读关键要点如图 1 – 10 所示。

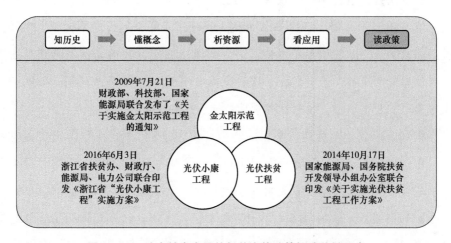

图 1 – 10　助力社会发展的相关光伏政策解读关键要点

【必备知识】————————————————————————

　　助力社会发展的相关光伏政策有金太阳示范工程、光伏扶贫工程、光伏小康工程三个案例。

一、政策解读一：金太阳示范工程

　　金太阳示范工程，是国家 2009 年开始实施的支持国内促进光伏发电产业技术进步和规模化发展，培育战略性新兴产业的一项政策。

2009 年 7 月 21 日，财政部、科技部、国家能源局联合发布了《关于实施金太阳示范工程的通知》，决定综合采取财政补助、科技支持和市场拉动方式，加快国内光伏发电的产业化和规模化发展。三部委计划在 2～3 年内，采取财政补助方式支持不低于 500MW 的光伏发电示范项目，据估算，国家将为此投入约 100 亿元财政资金。实际 2009 年支持约 300MW，2010 年约支持 200MW，2011 年支持约 700MW。

重点扶持用电侧并网光伏，对并网光伏发电项目，原则上按光伏发电系统及其配套输配电工程总投资的 50% 给予补助；其中偏远无电地区的独立光伏发电系统按总投资的 70% 给予补助；对于光伏发电关键技术产业化和基础能力建设项目，主要通过贴息和补助的方式给予支持。单个光伏发电项目装机容量不低于 300kWp、建设周期原则上不超过 1 年、运行期不少于 20 年的，属于国家财政补助的项目范围内。另外政策也规定，并网光伏发电项目的业主单位总资产应不少于 1 亿元，项目资本金不低于总投资的 30%。独立光伏发电项目的业主单位，具有保障项目长期运行的能力。

案例：2013 年 1 月初，某工厂利用厂房屋顶的 20 兆瓦屋顶光伏发电项目，在包头稀土高新区风光机电园区开工。该项目是国家 2012 年第二批金太阳示范项目，选用汉能控股集团具有自主知识产权的薄膜太阳能光伏组件块，总投资 1.98 亿元，其中国家财政补贴 1.1 亿元，企业自筹 5580 万元，银行贷款 2720 万元。项目建成后，年发电量可达 2461.59 万 kW·h，年售电收入 1100 万元，年缴税金 200 万元。

目前，金太阳示范工程项目已结束。

二、政策解读二：光伏扶贫工程

光伏扶贫是新时期精准扶贫、精准脱贫的重要举措，是党造福贫困地区、贫困群众的阳光工程、民生工程。光伏扶贫作为国务院 2015 年确定的十大精准扶贫工程之一，在改善民生，实现全体人民共同富裕，实现现行标准下贫困人口摆脱贫困的目标发挥了重大作用。十九大提出实施乡村振兴战略，光伏+农业将大大推动农业农村农民的发展，使传统农业焕发出新的活力，助推乡村振兴。

2014年10月17日，国家能源局、国家乡村振兴局联合印发《关于实施光伏扶贫工程工作方案》，决定利用6年时间组织实施光伏扶贫工程。2016年3月，国家发改委、扶贫办、能源局等五部门联合下发了《关于实施光伏发电扶贫工作的意见》，这一系列政策的支持为"光伏小康工程"的顺利开展，扫清了前方的障碍。

从建设模式上来分，目前有两大类：一是集中式扶贫光伏电站，二是分布式光伏系统。

对于集中式扶贫光伏电站，可利用扶贫村的荒坡荒地、沿海滩涂、鱼塘水面、农业大棚等上方建设。这里的股权和收益权由集体支配，扶贫户共享电站收益，产权归集体所有。

对于分布式光伏系统。是以扶贫对象的屋顶、庭院为建设地点，股权和收益为贫困户所有。

案例：云南某县光伏扶贫试点项目，安装300户，每户3kW。项目资金统筹方式：项目总投资900万元，其中省级财政扶贫专项资金补助州级财政资金配套政府出资600万元，贫困农户出资三分之一享受农村信用社的贴息贷款自筹300万元。贫困户收益：年平均发电量约3600kW·h×云南省光伏发电上网标杆电价0.95元＝每年每户可增加售电收入3420元。

三、政策解读三：光伏小康工程

光伏小康工程2006年起在浙江施行，计划在"十三五"期间，用5年时间在浙江省范围内实施光伏小康工程，切实巩固"4600"成果，推进黄岩、婺城、兰溪等29县加快发展，增强低收入农户和经济薄弱村自我发展能力，确保低收入农户收入增幅高于全省农民收入平均水平，按照精准扶贫的要求，实施光伏小康工程。

"十三五"期间浙江省财政补助建设规模为84.6万kW。其中，原"4600"

低收入农户按每户 4 千瓦计算，共 72 万 kW；省级结对帮扶扶贫重点村按每村 60kW 计算，共 12.6 万 kW。结合企业带资入股扩大装机规模 30% 的因素，测算建设总规模为 120 万 kW，总投资 108 亿元。通过实施光伏小康工程，带动受益农户每年人均增加收入 4000 元，村集体经济收入年增加收入 6 万元。

【本章小结】

本章重点介绍了光伏发电在国内外的发展历程，分布式光伏发电的概念，我国太阳能资源的分布和特点，资源开发潜力与应用，助力社会发展的相关光伏政策解读五部分内容，其中，光伏发电在国内外的发展历程主要从世界和中国两个方面介绍；分布式光伏发电的概念主要介绍光伏发电与分布式光伏发电的概念、区别以及光伏发电的优势；我国太阳能资源的分布和特点主要从辐射和经纬度两个角度介绍；资源开发潜力与应用提出四点：推进能源清洁低碳转型、发展与能耗的平衡、"多种模式"推动"加速跑"、光伏助力乡村振兴；助力社会发展的相关光伏政策以三个案例进行解读：金太阳示范工程、光伏扶贫工程、光伏小康工程。

【本章练习】

1. 全国太阳辐射量可分为几类地区？每类地区太阳辐射量为多少？
2. 中国各地太阳辐射年总量为多少？

第二章

分布式光伏发电系统与应用

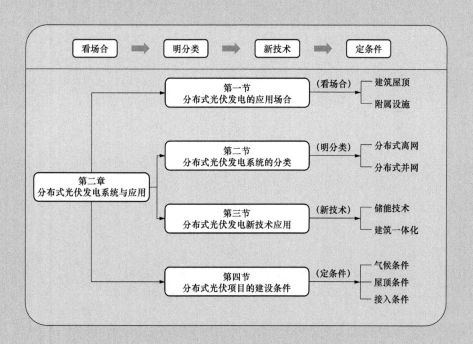

　　第一章讲解了分布式光伏发电基本发展历史和规划，本章主要从分布式光伏发电的应用场合、分布式光伏发电系统的分类、分布式光伏发电新技术应用、分布式光伏项目的建设条件四个方面介绍了分布式光伏发电系统与应用。

第一节 分布式光伏发电的应用场合

【关键要点】

分布式光伏发电主要应用场合分为两大类，一是利用各类建筑物屋顶（如工业园区厂房屋顶、商业建筑屋顶、市政公共建筑屋顶、家庭住宅屋顶等）建设分布式光伏，由于屋顶资源丰富，建设成本相对较低，是目前最普遍的应用场合；二是利用荒山荒坡、农业大棚、鱼塘、自来水厂或污水处理厂的沉淀池等非屋顶资源安装光伏发电系统，可以最大限度地利用资源，增加经济效益、社会效益和生态效益。分布式光伏发电的应用场合关键要点如图 2-1 所示。

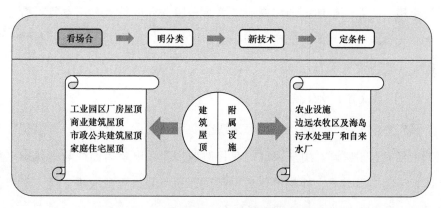

图 2-1 分布式光伏发电的应用场合关键要点

【必备知识】

利用建筑物屋顶建设分布式光伏和利用附属设施建设分布式光伏。

一、利用建筑物屋顶建设分布式光伏

（一）工业园区厂房屋顶

工业园区厂房的屋顶一般较集中，屋顶面积较大且开阔平整，可建设规模较大。同时一般用电量较大，用电价格较高，用电负荷较大且较稳定，而且其用电负荷特性与分布式光伏发电的出力特点相匹配，可实现自发自用，基本实现就地消纳。因此，充分利用好工业厂房屋顶资源建设分布式光伏发电项目，既可以减少企业的能源消耗，又充分利用了闲置的屋顶资源，起到了节能减排的作用，给企业带来良好的环境效益和经济效益。

（二）商业建筑屋顶

商业建筑多为混凝土屋顶，有利于安装光伏方阵，但由于其对建筑的整体美观性有要求，而且这些屋顶上的附属构筑物一般比较多，周围高层建筑物也较多，对阳光会造成一定的遮挡，这会使屋顶实际可利用面积变少。按照写字楼、商业综合体、会议中心、酒店等服务业的特点，用电负荷特性一般是白天负荷较高，夜间负荷较低，因而能够较好地与光伏发电负荷特性相匹配，实现自发自用为主。

（三）市政公共建筑屋顶

政府办公大楼、医院、学校等市政公共建筑的屋顶管理统一且规范，利用起来相对容易协调。用户用电负荷相对稳定且用电负荷曲线与光伏发电特性匹配度高。但不足之处是单体的可利用面积与装机容量较小，且一般节假日的用电负荷较低，余电上网电量较大。

（四）家庭住宅屋顶

农村居民、别墅的家庭住宅屋顶数量大、分布广，能够满足载荷要求。混凝土、传统瓦片、彩钢瓦等屋顶都能安装分布式屋顶光伏电站。农村家庭住宅屋顶的利用比较好协调，而且部分农村家庭住宅屋顶还能享受到"美丽乡村""光伏扶贫"等政策的补贴。

二、利用附属设施建设分布式光伏

（一）农业设施

农村有较多的荒坡荒山等非耕用地如鱼塘、农业蔬菜大棚、养殖场等，可实施渔光互补、农光互补等各种分布式光伏农业项目。利用相关农业设施建设分布式光伏项目，不仅是将分布式光伏发电与农业用设施简单叠加，更是开启了"光伏农业"新型产业模式。通过在农业附属设施的棚顶安装分布式光伏发电设备，在大棚下开展农业种植的形式，可以最大限度地开发利用土地资源，增加社会效益和生态效益，提高农民的收入，带动当地的经济发展。

（二）边远农牧区及海岛

对于距离大、电网遥远，所处我国新疆、西藏、内蒙古等省份的偏远农牧区以及我国沿海小岛屿还有部分无电区域，分布式离网光伏发电系统或与其他新能源互补利用的微电网的应用是其最好的选择。此外，离网光伏发电系统也可以应用在野外养殖、野外施工、野外种植等场合。

（三）污水处理厂和自来水厂

污水处理厂和自来水厂有着大面积的处理水池，在处理污水的过程中虽然耗电量非常大，但其一般连续运行负荷稳定，光伏发电量自发自用，基本可以实现消纳。利用污水处理厂或自来水厂的接触池、沉淀池和生化池等地方安装光伏发电设施，可以充分利用空间，有利于对土地进行再开发利用，起到了对土地进行再次综合利用的效果。

第二节　分布式光伏发电系统的分类

【关键要点】

分布式光伏发电系统可分为离网（独立）光伏发电系统和并网光伏发电系统两大类。分布式离网光伏发电系统主要是指分散式的独立发电供电系统，而分布式并网光伏发电系统主要是指大型光伏电站以外的各种形式的并网光伏发电系统。分布式光伏发电系统的分类关键要点如图2-2所示。

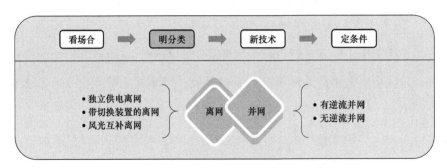

图2-2　分布式光伏发电系统的分类关键要点

【必备知识】

分布式离网光伏发电系统和并网光伏发电系统的组成。

一、分布式离网光伏发电系统

分布式离网光伏发电系统主要是指分散式的独立发电供电系统，一般应用在远离大电网的偏远农牧区、沿海小岛屿、通信基站、野外养殖、野外施工等场合。其一般由光伏控制器、光伏电池组件、交直流配电箱、光伏逆变器、光伏支架、储能蓄电池等设备组成。分布式离网光伏发电系统组成如图2-3所示。

图2-3　分布式离网光伏发电系统组成

（一）独立供电离网光伏发电系统

独立供电离网光伏发电系统由光伏控制器、光伏电池组件、交直流配电箱、光伏逆变器、光伏支架、储能蓄电池等设备组成。当有光照时，光伏电池组件将光能转换成直流电向储能蓄电池充电，同时可以通过光伏逆变器将直流电转换成交流电，为交流负载提供电能。当夜间或阴雨没有光照时，此时就由储能蓄电池所存储的直流电通过光伏逆变器转换为交流电向负载供电。这种系统广泛应用在远离大电网的通信基站、微波中转站、边远山区等地方进行供电（如图2-4所示）。

图2-4　独立供电离网光伏发电系统供电情形

（二）带切换装置的离网光伏发电系统

带切换装置的离网光伏发电系统，其切换装置能够与公共电网自动运行，并具备双向切换的功能。当光伏发电系统因多云、阴雨天及自身故障等导致发电量不足时，切换器能自动切换到公共电网供电一侧，由电网向负载侧供电；当电网因为故障等原因发生突然停电时，光伏系统可以自动切换，将电网与光伏系统分离，保持光伏发电系统独立工作状态。而有些带自动切换装置的光伏发电系统，还可以在需要时断开一般负载供电，接通应急负载供电。

（三）风光互补离网光伏发电系统

风光互补离网光伏发电系统是指在光伏发电系统中接入风力发电设备，使太阳能和风能可以根据各自的气象特征进行互补。一般来说，当白天天气晴朗时，光伏发电系统可以正常运行，而当遇到夜晚或阴雨等无阳光、风力较大的天气时，风力发电系统恰好可以弥补光伏发电系统的不足。风光互补发电系统可以同时利用太阳能和风能两种能源发电，使自然资源得以更加充分的利用，实现昼夜均发电，提高系统供电的连续性和稳定性，但在风力资源欠佳的区域则不宜使用。

另外对供电稳定性要求较高或者比较重要的场合，则需要使用柴油发电机与光伏、风力发电系统配合构成的风光柴互补发电系统。其中柴油发电机一般处于备用状态或小功率运行状态，当风电、光伏发电量不足和蓄电池储能不足时，需启动柴油发电机发电进行补充供电。

二、分布式并网光伏发电系统

分布式并网光伏发电系统一般是相对大型集中式并网光伏电站而言，大型集中式并网光伏电站的特点是将所发的电能通过输电线路直接输送到电网，由电网统一调配并向用户供电。这种电站占地面积大，容量大，建设周期长，投资大，以及需要复杂的控制和配电设备。而分布式并网光伏发电系统，特别是建设在建筑物屋顶的光伏发电系统，由于其具备投资小，占地面积小，建设快，政策支持力度大等优点，目前已成为光伏并网发电的主流（如图 2 - 5 所示）。

分布式并网光伏发电系统所发的电能直接就近分配到周围用户，多余或不足的电力则会通过公共电网进行调节，即多余时向电网送电，不足时由电网供电。其中分布式并网光伏发电系统一般有以下几种形式：

（一）有逆流并网光伏发电系统

有逆流并网光伏发电系统是指当分布式光伏发电系统所发出的电能富余

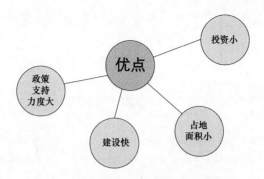

图2-5　分布式并网光伏发电系统优点

的时候，可将多余的电能馈入公共电网，向电网倒送电；当光伏发电系统自身发出的电力不足自身使用时，则由电网向用户供电。由于该分布式光伏发电系统向电网送电时与由电网供电的方向相反，因而称其为有逆流并网光伏发电系统。

（二）无逆流并网光伏发电系统

无逆流并网光伏发电系统是指即使分布式光伏发电系统发电充裕时也不向公共电网倒送电，但当分布式光伏发电系统供电能力不足时，则由公共电网向负载侧供电。

第三节　分布式光伏发电新技术应用

⚙ 【关键要点】

随着分布式光伏产业不断发展，一些新的技术也在逐步推广应用。分布式光伏发电系统往往会随着日照和气象变化而对电网造成影响，那么通过在分布式光伏发电领域配置储能，可以有效降低高比例可再生能源并网的不稳定性。而光伏建筑一体化是将分布式光伏发电系统和建筑的结构外表面有机地结合成一个整体结构，它不但具有围护结构的功能，同时也能实现光伏发电,产生良好的经济效益。其中分布式光伏发电新技术应用关键要点如图2-6所示。

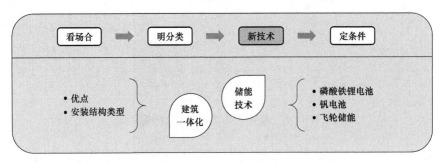

图2-6 分布式光伏发电新技术应用关键要点

【必备知识】————————————————————————

分布式光伏发电与储能技术应用及分布式光伏发电与光伏建筑一体化应用。

一、分布式光伏发电与储能技术应用

分布式光伏发电系统由于其季节性和波动性强,存在不稳定性。为了加速分布式光伏的并网,扩大产能,需发挥一系列储能装置的蓄水池作用,将分布式光伏发电电能储存起来,经过处理后再并入电网。这既解决了分布式光伏发电波动性强的难题,提高了电能质量,也促进了储能产业的发展。储能在分布式光伏发电领域的应用有利于降低高比例可再生能源并网的不稳定性,减少对电网的冲击,削峰填谷,进而提高分布式光伏发电系统的利用率,有效解决"弃光"问题。带有储能装置的分布式光伏发电系统还可作为医疗设备、紧急通信电源、避难场所指示及照明、加油站等重要场所或应急负荷的供电系统。

分布式光伏发电系统常见储能方式及其优点如图2-7所示。

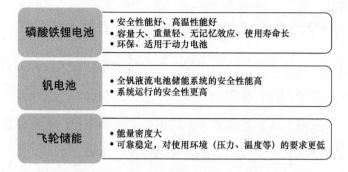

磷酸铁锂电池
- 安全性能好、高温性能好
- 容量大、重量轻、无记忆效应、使用寿命长
- 环保、适用于动力电池

钒电池
- 全钒液流电池储能系统的安全性能高
- 系统运行的安全性更高

飞轮储能
- 能量密度大
- 可靠稳定，对使用环境（压力、温度等）的要求更低

图2-7　分布式光伏发电系统常见储能方式及其优点

（一）磷酸铁锂电池

磷酸铁锂电池是指用磷酸铁锂作为正极材料的锂离子电池。其具有安全性能好、高温性能好、容量大、重量轻、无记忆效应、使用寿命长、环保以及适用于动力电池等优势。

（二）钒电池

钒电池一般称为氧化还原液流电池，是一种新型的大容量电化学储能装置。其中正负极全部使用钒盐溶液的被称为全钒液流电池，简称钒电池。而作为当前储能电池的常见选择之一，全钒液流电池储能系统具有较高的安全性能。当其在常温常压环境下运行时，电池系统所产生的热量能够有效地通过电解质溶液排出，再通过热交换系统排至系统之外，而且电解质溶液是不燃烧、不爆炸的水溶液，因此其系统运行的安全性更高。

（三）飞轮储能

飞轮储能应用方式众多，其中最广泛的形式是直接储存动能并应用，比如单冲程柴油机的飞轮等。目前，尖端研究的方向是飞轮储存功能并转化为电能应用。飞轮储能装置与超级电容、电池等储能装置相比较，其能量密度是最大的。同时，飞轮是纯物理储能，可靠且稳定，其对使用环境（压力、温度等）的要求更低，使用寿命更长，但它的造价会相对较高。

二、分布式光伏发电与光伏建筑一体化应用

光伏建筑一体化是分布式光伏发电与建筑物相结合的一种形式，也是分布式光伏发电系统在城市应用的主要形式。一般来说，光伏建筑一体化就是将分布式光伏发电系统和建筑的围护结构外表面如屋顶、建筑幕墙等有机地结合成一个整体。它不但可以和建筑物进行良好结合，同时也可以实现光伏发电。由于分布式光伏发电系统与建筑的有机结合，无需占用额外的地面空间，因此，它是分布式光伏发电系统在城市广泛应用的最佳安装方式之一，深受关注。

（一）光伏建筑一体化的优点

光伏建筑一体化的优点如图 2－8 所示，主要体现为：

（1）建筑物能为分布式光伏系统提供足够的面积，不需要另外占用土地面积。符合建设条件的建筑物数量众多，可大规模推广应用；

（2）分布式光伏系统的支撑结构可以与建筑物的结构部分有机结合，有效降低光伏发电系统和部分建筑物基础结构的费用；

（3）光伏组件安装方式相对比较自由，光伏发电系统效率较高，可实现大规模装机发电；

（4）可通过就近并网发电省去线路输电费用，并且其在分散发电的过程中减少了电力传输过程中的损失，降低了电力传输的投资及维修成本；

（5）可以使建筑物的外观更美观，更具有魅力。

（二）光伏建筑一体化的安装结构类型

光伏建筑一体化的安装结构类型一般可以分为三大安装类型，分别是构件型安装类型、建材型安装类型和与屋顶、墙面结合安装类型。

1. 构件型安装类型

构件型安装类型是光伏构件与建筑构件结合在一起，或独立成为建筑构件，如光伏组件可以根据建筑要求定制构成遮阳构件或雨棚构件等。

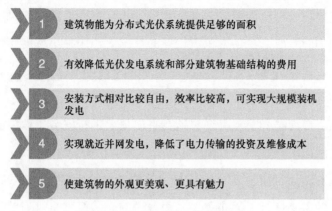

图2-8　光伏建筑一体化的优点

构件型安装类型可以适应不同地区，但是在进行构件的设计时，应充分考虑安全性。由于建筑结构的下方一般是人们活动的区域，因此必须采取相应的安全措施以保证安全可靠。建筑构件一般具有特定的功能性和美观性要求，而光伏组件需要最大程度接收太阳能，因此光伏构件在建筑物上只能有选择性地安装，比如设置在可以满足日照条件的建筑物立面或者不适合建筑物的其他立面。总而言之，构件型安装类型需综合考虑建筑物整体的造型和功能要求，选择最合适的建筑构件。

2. 建材型安装类型

建材型安装类型就是把太阳发电电池与砖、瓦、玻璃等建材复合在一起，成为不可分割的建筑材料或建筑构件，如光伏砖、光伏瓦、光伏玻璃幕墙等。光伏组件作为建筑物的屋面和墙面，与建筑结构有机结合在一体。

作为屋面或墙面使用时，光伏组件材料应具有良好的防水、保温、隔音、隔断等性能，使建筑物达到美观、节能等要求，它一般需要根据建筑物的特征定制光伏组件。但是在夏季气温较高的情况下，光伏组件的散热难度较大。而当组件温度过高时，电池组件的输出电压将随着温度变化而产生负效应，使光伏发电系统的输出功率降低，导致光伏电池组件的使用寿命降低。

作为屋面材料时，建材型安装组件的边框材料一般采用金属材料。而我国北方地区一般年度温差较大，热胀冷缩现象非常严重，长时间运行会造成防水系统被破坏，出现渗漏等现象。此外，北方寒冷地区的建筑屋面多为平屋顶或坡度小的屋面，在冬季积雪较厚的情况下，这种小坡度屋面无法清除积雪。所以，建材型光伏组件不太适合在特别寒冷的地区使用。

3. 与屋顶、墙面结合安装类型

与屋顶、墙面结合安装类型包括在平屋顶上平行安装、坡屋面上顺着坡安装以及与墙面平行安装等形式。

当遇到与墙面、屋顶结合安装与建筑物的结合程度相对不高的情况时，可根据实际的需要进行灵活布置，采用普通的光伏组件也可安装。对于地处寒冷地带、太阳能资源比较丰富的地域，在建筑物的结构选型方面，可结合建筑物特征优先选择与屋顶、墙面结合安装类型。

第四节　分布式光伏项目的建设条件

 【关键要点】

分布式光伏发电项目建设地址的选择应根据国家可再生能源中长期发展规划和当地经济发展规划的要求，结合项目建设地的气候条件、屋顶条件、电网消纳和接入条件等因素进行综合考虑。其中分布式光伏项目的建设条件关键要点如图 2 - 9 所示。

【必备知识】

分布式光伏发电项目建设条件包含气候条件、屋顶条件、电网消纳与接入条件。

一、气候条件

对于分布式光伏发电项目而言，太阳能资源、空气质量、积雪和风力等

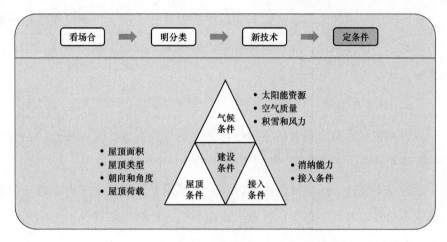

图2-9 分布式光伏项目的建设条件关键要点

各种气候条件都会对分布式光伏发电项目的发电效率产生直接影响。

（一）太阳能资源

太阳能资源的数量一般是指到达地面的太阳能总辐射量，它的丰富程度对分布式光伏发电系统的发电效率和投资收益率有着决定性的影响。因此，分布式光伏发电系统的建设应优先在太阳能资源较丰富地区进行。

此外，分布式光伏发电选址应尽可能选择在开阔无遮挡的位置，但当处于实在没有选择余地的情况时，要采取有效的措施尽可能减少遮挡并就遮挡物对太阳能资源造成的影响进行测算。

（二）空气质量

空气质量因素主要包括空气中的盐雾含量、空气透明度和空气中的尘埃悬浮量等。

空气中的盐雾对光伏支架产生一定的腐蚀，日积月累后则会降低光伏支架的结构强度和使用寿命。同时，它容易在光伏组件表面形成盐分沉积，使光伏组件发电效率下降。而盐雾在沿海等地区比较常见，因此在此类地区进行分布式光伏发电项目选址时，需充分考虑防盐雾措施。

当空气透明度较低时，会导致太阳能辐射量因太阳光被反射或散射而下降，从而直接影响分布式光伏发电系统的发电效率和发电量。

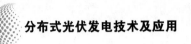

此外，空气中的尘埃除会影响太阳能辐射量外，还会大量沉积在光伏组件的表面，形成遮挡层，严重时还会在组件表面形成难以清洗的沉积物，直接影响光伏组件的发电效率。

（三）风力和积雪

风力和积雪都是影响光伏支架设计强度的重要因素，因此在光伏支架设计时，应充分考虑强风和积雪对支架的影响。

而在有灾害性、强力风力的地方如台风频繁登陆的地域，则不适宜建设分布式光伏发电项目。对于北方冬天有厚积雪的地区，则需充分考虑光伏支架对过厚积雪的承载力。

二、屋顶条件

（一）屋顶面积

屋顶面积的大小直接决定分布式光伏发电项目的容量。为降低平均造价，应尽可能选择面积大的屋顶建设分布式光伏项目。而屋顶上是否存在附属物，如风机、电梯房、广告牌等也要充分考虑，在设计时需避开附属物阴影的影响。

（二）屋顶类型

屋顶类型一般分为彩钢板、瓦片、混凝土屋顶等。不同的屋顶类型对分布式光伏项目的造价和建设难度影响非常大，彩钢板和瓦片一般需要使用专用的支架挂钩件与屋顶支撑件固定，混凝土屋顶则一般需要制作支架基础。

（三）屋顶朝向和角度

屋顶朝向、倾斜角度在很大程度上会影响日照时长，其对分布式发电系统发电效率影响非常大，需优先选择日照时间长的朝向。

（四）屋顶荷载

屋顶荷载是分布式光伏发电系统必须考虑的重要因素，因此在安装前需要重点查看建筑物建筑设计说明中恒荷载的设计值，检查除屋顶自重外是否还有额外增加的其他荷载如屋顶附属物、管道、吊置设备等，以及计算是否还有余量能够安装光伏组件等。同时还需要考虑极端状况下暂时施加在屋面的可变荷载，如果屋顶荷载不够，则需要考虑加固屋顶才能进行安装。

三、电网消纳与接入条件

在选择分布式光伏电站的站址时，应提前了解当地的电网建设情况和运行状况，充分考虑当地电网消纳能力、电网接入条件等问题。

（一）电网消纳能力

在分布式光伏发电项目接入前，应核实当地电力系统的电力平衡情况、电网的规划情况以及光伏发电量的就近消纳情况，从而避免分布式光伏发电项目在建成后发生"弃光""限电"的情况。

（二）电网接入条件

在分布式光伏发电项目接入前，应核实附近的电网接入条件，尽可能选择较短的距离、合适的电压等级接入附近的电网，并对可用于接入系统的变电站的容量、预留间隔和电压等级等进行了解。

【本章小结】

本章重点介绍了分布式光伏发电的应用场合、分布式光伏发电系统的分类、分布式光伏发电新技术应用、分布式光伏项目的建设条件四部分内容。其中分布式光伏发电分为建筑物屋顶建设分布式光伏和非屋顶资源建设分布式光伏；分布式光伏发电系统主要分为离网（独立）光伏发电系统和并网光伏发电系统两大类；分布式光伏发电新技术主要介绍了储能技术在光伏系统的应用和建筑光伏一体化。在分布式光伏项目建设时，应结合项目建设当地气候条件、屋顶条件、电网消纳与接入条件等因素综合考虑。

【本章练习】

1. 分布式离网光伏发电系统有哪几种形式？
2. 分布式并网光伏发电系统有哪几种形式？

第三章

分布式光伏发电技术

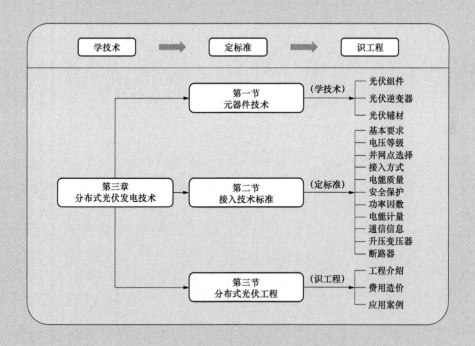

　　为从根本上杜绝安全隐患，提高分布式光伏的运行水平，发挥发电效益的最大化，必须对分布式光伏的组件、逆变器、主要电气设备的技术要求和并网接入技术规范进行明确，使分布式光伏发电系统并网接入设计符合国家的相关政策和法规，满足安全可靠、经济合理的要求。

第一节 元器件技术

【关键要点】

分布式光伏发电的主要元器件包括光伏组件和光伏逆变器等,其直接影响光伏发电的效率和效益。因此,学习分析光伏组件、逆变器两大元器件的原理、参数和常见问题对于掌握分布式光伏发电系统非常重要。其中元器件技术关键要点如图 3-1 所示。

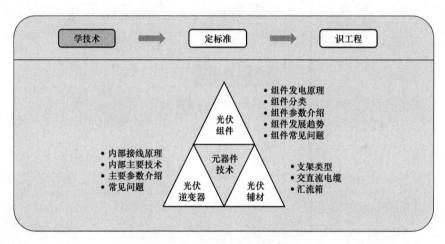

图 3-1 元器件技术关键要点

【必备知识】

光伏组件、光伏逆变器的原理、主要参数和常见问题分析。

一、光伏组件

(一)组件发电原理

光伏发电是利用半导体界面的光生伏特效应将光能直接转变为电能的一

种技术。其关键元件是太阳电池，它由半导体材料制成，当阳光照射到太阳电池时，半导体材料表面就会形成 PN 结，并在两面引出电极，产生电势。

（二）组件分类

光伏组件由光伏电池封装而成。根据光伏电池的种类，光伏组件可分为晶硅光伏组件、薄膜光伏组件、聚光光伏组件等；晶硅组件可分为单晶硅组件和多晶硅组件；而薄膜光伏组件可分为硅基薄膜组件、铜铟镓硒薄膜组件和砷化镓组件（如图 3 - 2 所示）。

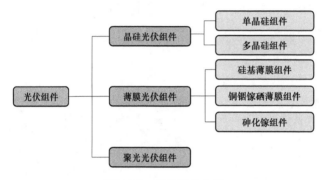

图 3 - 2　光伏组件分类

（三）组件参数介绍

组件参数主要包括最大功率、功率差、最大功率点工作电压、最大功率点工作电流、组件效率等。

（1）最大功率 P_m，$P_m = I_m U_m$。注解：组件参数标称，一般是基于"标准测试条件 STC"。随着温度、辐照度等环境条件的变化，组件的相应参数都会发生变化。此外，组件的功率特性曲线是一条"类抛物线"，它存在一个最高点，同时也是逆变器 MPPT "最大功率点跟踪"所需找到的工作点。

（2）功率差，"0～+5"代表是正公差。如 340W 的组件，功率范围在 340～345W 之间为合格品。而目前一线品牌的组件都是正公差。

（3）最大功率点工作电压 U_m，代表组件最大功率时的工作电压。

（4）最大功率点工作电流 I_m，代表组件最大功率时的工作电流。

（5）组件效率，从理论上来看，尺寸、最大功率相同的组件，其效率是相同的。当辐照度为 $1000W/m^2$ 时，$1.627m^2$ 组件上接收的功率为 1627W；当输出为 265W 时，其效率为 16.3%，而当输出为 270W 时，其效率为 16.6%。

（四）组件发展趋势

组件的发展趋势是更低成本、更高效率、更高可靠性、更轻便、智能化。

轻质速装组件是指降低屋顶承重量，实现组件的快速安装，以削减屋顶安装成本 50% +，同时兼顾建筑美学的外形；高系统电压组件是指系统端更少的配件投入，更低的 BOS（系统平衡）成本，更高的发电效率。

（五）组件常见问题

组件常见问题包括 PID - 电动势诱导衰减、热斑、EL 隐裂、蜗牛纹等。

1. PID - 电动势诱导衰减

失效后果：组件功率衰减严重，发电量低下，甚至引起系统宕机。

失效机理：边框和电池间的负电压导致 Na + 离子向电池发射极聚集，导致电池效率衰减。

PID - 电动势诱导衰减解决方法如图 3 - 3 所示。

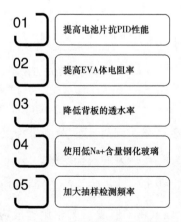

图 3 - 3 PID - 电动势诱导衰减解决方法

2. 热斑

失效后果：组件工作温度出现严重热失衡，功率失配严重，组件封装材料烧毁（玻璃＆背板）。

失效机理：电池片低效/焊接问题／阴影遮挡等，导致电池（串）内阻消耗电能从而发热。

热斑解决方法如图3－4所示。

图3－4　热斑解决方法

3. EL隐裂

失效后果：导致电池片碎裂，网状隐裂将导致组件功率衰减。

失效机理：电池片PN结破裂导致光电转换过程受阻。

EL隐裂解决方法如图3－5所示。

图3－5　EL隐裂解决方法

4. 蜗牛纹

失效后果：外观影响严重、户外实际发电量深受影响，后续导致封装材料脱层以及热斑等风险，存在很大的安全隐患。

失效机理：水汽透过背板，并由于EVA自身的吸水性及相关的掺杂剂与电池片正面的副栅线的Ag＋离子形成了氧化化学反应；水汽的长期侵蚀最终导致EVA的脱层及变色。

蜗牛纹解决方法如图3－6所示。

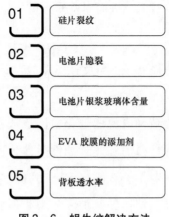

01　硅片裂纹

02　电池片隐裂

03　电池片银浆玻璃体含量

04　EVA 胶膜的添加剂

05　背板透水率

图 3 - 6　蜗牛纹解决方法

二、光伏逆变器

(一)　内部接线原理

光伏逆变器在光伏电站中将直流逆变成交流电，其重要性不言而喻。一旦逆变器发生故障，将对整个电站造成影响。一般来说，逆变器需具备的基本保护功能有输入过压/欠压保护、输入过流保护、短路保护、过热保护、防雷击保护、过频/欠频保护以及防孤岛保护。而分布式光伏发电所采用的光伏逆变器需通过国家认可资质机构的检测或认证。

根据逆变器的组串式逆变器、集中式逆变器和逆变器升压一体化设备，应结合项目具体情况进行逆变器选型。一般对于地形较复杂或装机量较小的分布式项目，应优先选用组串式逆变器，而大容量发电项目，则需优先考虑采用集中式逆变器。其中光伏逆变器的功率应与光伏电池方针的最大功率匹配，一般选取光伏逆变器的额定输出功率与输入总功率相近。

当电网电压大幅波动，波动范围超过并网标准规定的过欠压阈值时，逆变器需要停机，并指示出相应停机原因。低周低压保护是并网要求中的重要部分之一，如果保护功能不合格，严重情况下会影响光伏系统的稳定和配电网络的稳定。同时逆变器需具备防孤岛功能，因为在电网断电的情况下，为保证检修人员的安全，逆变器必须能够实现快速检测并动作，以防止将光伏发出的电传到待检修的母线上，进而对检修人员的生命造成严重威胁。

（二）内部主要技术

内部主要技术包括防孤岛保护与反孤岛保护、低电压穿越保护。

1. 防孤岛保护与反孤岛保护

所谓孤岛是指包含负荷和电源的部分电网，从主网脱离后继续孤立运行的状态。孤岛可分为计划性孤岛和非计划性孤岛，这里孤岛保护主要指的是防止非计划孤岛现象的发生。

根据适用范围的不同，把孤岛保护区分为防孤岛保护和反孤岛保护。装设于 10kV 并网柜的称为防孤岛保护，而低压反孤岛装置主要用于 220/380V 电网中，一般安装在光伏发电系统送出线路电网侧，如配变低压侧母线、箱变母线等处，在电力人员检修与光伏发电系统相关的线路或设备时使用。

防孤岛保护。由于现有的光伏发电容量相对负载比例小，市电消失后电压、频率会快速衰减，而逆变器可以准确检测出来。但是随着光伏发电容量不断变大，光伏并网发电系统中会有多种类型的并网逆变器（不同保护原理）接入同一并网点并导致互相干扰。同时在出现发电功率与负载基本平衡的状况时，抗孤岛检测的时间会明显增加，甚至可能出现检测失败问题。所以在并网光伏逆变器具备孤岛保护功能的前提下，仍然要求光伏系统并网加装防孤岛保护装置，这是为实现防孤岛准备的二次保护。此外，逆变器和防孤岛装置动作范围不一样，逆变器检测市电消失后自动关机退出运行，防孤岛保护装置动作跳开并网开关。

反孤岛保护。逆变器应符合国家、行业相关技术标准，具备高/低电压闭锁、检有压自动并网功能以及快速监测孤岛且监测到孤岛后立即断开与电网连接的能力。若并网光伏容量超过变压器额定容量的 25%，则需在配变低压母线处装设反孤岛装置。而低压总开关应与反孤岛装置间具备操作闭锁功能。如母线间有联络时，联络开关也与反孤岛装置间具备操作闭锁功能。当台区内家庭屋顶光伏并网容量超过 15% 时，宜考虑提前安排进行上述改造。

2. 低电压穿越保护

逆变器的低电压穿越保护是指当电力系统事故或扰动，引起光伏发电站并网点电压出现暂降，并在一定的电压跌落范围和时间内，光伏发电能够保持不脱网连续运行。

根据《光伏发电站接入电力系统技术规定》规程规定，低电压穿越功能适用于35kV及以上的大中型地面电站，低电压穿越能力需由逆变器实现。而接入用户侧的分布式光伏项目不要求具备低电压穿越能力。当负载端发生触电、短路、接地等故障引起支路电压降低或者总开关跳闸时，逆变器应立即停止运行，以防止事故进一步恶化。

随着分布式光伏装机容量攀升，分布式电源在电网中所起的作用也越来越不容忽视。让其主动参与电网控制，提出用分布式电源来支撑电网稳定性的要求是非常必要的。倘若地区某范围发生故障，如果分布式光伏发电在这个时候立即切出，就会对电网的稳定性产生影响，甚至导致其他无故障的支路发生因果连锁开断，进而造成大面积电网停电事故。当光伏电源容量占据配电网系统容量一定比例时，分布式光伏电源在系统侧故障时不脱网维持运行一段时间，甚至为维持电压稳定向网侧提供无功功率，其具体占比需根据实际电网接入情况进行潮流试算和运行方式具体分析。光伏发电站低电压穿越应参考以下要求执行：

光伏发电站并网点电压跌至 0 时，光伏发电站应能不脱网连续运行0.15s；光伏发电站并网点电压跌至额定电压的20%以下时，光伏发电站可以从电网切出。

在一些有冲击性负载的工业厂房分布式光伏电站，如有大型吊车/电焊机等重型负荷启动，也会造成电压暂降，其特征是幅度小、非规则矩形、持续时间长，可能会导致逆变器频繁启动。而低电压穿越保护不能解决该问题，此时可考虑采用带隔离变压器的逆变器，或者在光伏接入点加设隔离变压器。

（三）主要参数介绍

主要参数包括输出电压的稳定度、输出电压的波形失真度、额定输出频率、负载功率因数、逆变器效率、额定输出电流、保护措施、起动特性、噪声。

1. 输出电压的稳定度

在光伏系统中，太阳电池发出的电能先由蓄电池储存起来，然后经过逆变器逆变成 220V 或 380V 的交流电，但是蓄电池受自身充放电的影响，其输出电压的变化范围较大，如标称 12V 的蓄电池，其电压值可能在 10.8 ～ 14.4V 之间变动（超出这个范围可能对蓄电池造成损坏）。对于一个合格的逆变器，输入端电压在这个范围内变化时，其稳态输出电压的变化量应不超过额定值的 Plusmn；5%，同时当负载发生突变时，其输出电压偏差不应超过额定值的 ±10%。

2. 输出电压的波形失真度

对于正弦波逆变器，应规定允许的最大波形失真度（或谐波含量），通常以输出电压的总波形失真度表示，其值应不超过 5%（单相输出允许 10%）。逆变器输出的高次谐波电流会在感性负载上产生涡流等附加损耗，若逆变器波形失真度过大，会导致负载部件严重发热，不利于电气设备的安全，甚至严重影响系统的运行效率。

3. 额定输出频率

对于包含电机之类的负载，如洗衣机、电冰箱等，其电机最佳频率工作点为 50Hz，频率过高或者过低都会造成设备发热，降低系统运行效率和使用寿命，因此逆变器的输出频率应是一个相对稳定的值且通常为工频 50Hz，正常工作条件下其偏差应在 Plusmn；1% 以内。

4. 负载功率因数

表征逆变器带感性负载或容性负载的能力。正弦波逆变器的负载功率因数为 0.7 ～ 0.9，额定值为 0.9。在负载功率一定的情况下，如果逆变器的功率因数较低，则所需逆变器的容量就要增大，这会造成成本的增加。同时光伏系统交流回路的视在功率增大，回路电流增大，此时损耗必然增加，系统效率也会降低。

5. 逆变器效率

逆变器的效率是指在规定的工作条件下，其输出功率与输入功率之比，通常以百分数表示。一般情况下，光伏逆变器的标称效率是指纯阻负载，80%负载情况下的效率。由于光伏系统总体成本较高，应最大限度地提高光伏逆变器的效率，降低系统成本，提高光伏系统的性价比。目前主流逆变器标称效率在80%~95%之间，小功率逆变器所需的效率不低于85%。在光伏系统实际设计过程中，不但要选择高效率的逆变器，同时还应通过系统合理配置，尽量使光伏系统负载工作在最佳效率点附近。

6. 额定输出电流

表示在规定的负载功率因数范围内逆变器的额定输出电流。有些逆变器产品给出的是额定输出容量，其单位以 VA 或 kVA 表示。逆变器的额定容量是输出功率因数为 1（即纯阻性负载）时，额定输出电压为额定输出电流的乘积。

7. 保护措施

一款性能优良的逆变器，应具备完备的保护功能或措施以应对在实际使用过程中出现的各种异常情况，使逆变器本身及系统其他部件免受损伤，如图 3 - 7 所示。

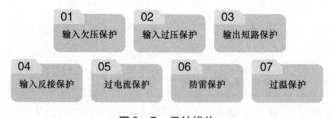

图 3 - 7　保护措施

8. 起动特性

表征逆变器带负载起动的能力和动态工作时的性能，逆变器应保证在额定负载下可靠起动。

9. 噪声

电力电子设备中的变压器、滤波电感、电磁开关及风扇等部件均会产生噪声。当逆变器正常运行时，其噪声应不超过80dB，而小型逆变器的噪声应不超过65dB。

（四）常见问题

光伏逆变器是由电路板、熔断器、功率开关管、电感、继电器、电容、显示屏、风扇、散热器等部件组成。逆变器最容易出故障的部件是功率开关管、电容、显示屏、风扇4个部件（如图3-8所示）。

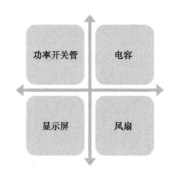

图3-8　逆变器最容易出故障的部件

1. 功率开关管

功率开关管是把直流转换为交流的主要器件，是逆变器的心脏。目前逆变器使用的功率开关管有IGBT、MOSET等，是逆变器中最脆弱的一个部件，它有三怕：一怕过压，一个耐压600V的管子，如果两端电压超过600V，不到0.1s就会炸掉；二怕过流，一个额定电流为50A的管子，如果通过的电流大于50A，不到0.2s就会炸掉；三怕过温，IGBT节温不超过150°或者175°，一般都把它控制在120°以下，因此散热设计是逆变器最关键的技术之一。

功率器件损坏，就意味逆变器需要整机更换。但也不必过分担心，因为逆变器在设计时，这些因素都已考虑周全。在正常情况下，其使用寿命到20年都没有问题。在安装逆变器时，要考虑给逆变器留有散热通道，另外电网如有过高的谐波和过于频繁的电压突变，也会造成功率器件过压损坏。

2. 电解电容

电容是能量存储的部件，也是逆变器必不可少的元器件之一。电容有电解电容、薄膜电容等，各有特点，都是逆变器所需。影响电解电容寿命的原因有很多，比如过电压、谐波电流、高温、急速充放电等。在正常使用情况下，最大的影响因素是温度，因为温度越高电解液的挥发损耗越快。此外，需要注意的是，这里的温度不是指环境或表面温度，而是指铝箔工作温度。厂商通常会将电容寿命和测试温度标注在电容本体，其中电解液的挥发会限制电解电容的寿命。其中日本 NCC 电容是世界上最好的电容之一，它在规格书上标注最长寿命是 15 年。

3. 液晶显示屏

逆变器的液晶显示屏可以显示光伏电站瞬时功率、发电量、输入电压等各种指标。若能显示故障原因，它将是个很好用的部件。

多数逆变器都有显示器，但也有没有的。除上述优点外，液晶显示器也有一个致命缺陷——使用寿命短。质量一般的液晶显示器只要工作 3 万 ~4 万 h，就会严重衰减不能使用。我们按照逆变器工作时间 6：00 ~ 20：00 计算，液晶显示器每天工作 14h，一年则为 5000h。假设液晶显示器寿命为 4 万 h，那么它的使用寿命则为 8 年。

现在户用逆变器一般保留显示器，电站用的是中大功率组串式逆变器，无液晶显示屏将是未来使用的趋势。

4. 风扇

组串式逆变器散热方式主要有强制风冷和自然冷却两种。

强制风冷就要用到风扇，通过组串式逆变器散热能力对比实验发现，中大功率组串式逆变器，强制风冷的散热效果要优于自然冷却散热方式。采用强制风冷可使逆变器内部电容、IGBT 等关键部件温升降低 20℃ 左右，这可以确保逆变器延长寿命、高效工作。而采用自然冷却方式时，逆变器温度会升高，元器件寿命会降低。优质风扇的寿命为 4 万 h 左右，而智能散热的逆变器，一般是其功率达到 30% 以上才开始工作，平均每天工作时间约 4~5h，每年约 1800h，使用 20 年是没有问题的。

三、光伏辅材

（一）支架类型

太阳能光伏支架，是太阳能光伏发电系统中为了摆放、安装、固定太阳能面板设计的特殊支架。一般材质有铝合金、碳钢及不锈钢。

太阳能支撑系统相关产品材质为碳钢和不锈钢，碳钢表面做热镀锌处理，户外使用 30 年不生锈。太阳能光伏支架系统的特点是无焊接、无钻孔、100% 可调、100% 可重复利用。

光伏支架结构必须牢固可靠，能承受如大气侵蚀，风荷载和其他外部效应影响的压力。它具有安全可靠的安装与维护，它能以最小的安装成本达到最大的使用效果，同时几乎免维护。此外，好的支架需要考虑的因素如图 3-9 所示。

图 3-9 好的支架需要考虑的因素

优质的支架系统必须使用电脑软件模拟极端恶劣天气状况验证其设计，并且进行严格的力学性能测试，如抗拉强度和屈服强度，以保证产品的耐用性。

（二）交直流电缆

分布式光伏送出线路导线截面应根据所需送出的容量、并网电压等级选取，并考虑分布式电源发电效率等因素。

当接入公共电网时，应结合本地配电网规划与建设情况选择适合的导线。380V 电缆可选用 120、150、185、240mm² 等截面；10kV 电缆可选用 70、150、185、240、300mm² 等截面。电缆选择采用铜芯电缆。

全额上网 10kV 的电缆长度可考虑按下列经验公式进行计算，其他接入方式可参考该公式并根据实际情况进行电缆选择。

$$L = (a + b) \, \alpha\beta$$

式中：a 为现场查勘时，落火杆到光伏配电房的测距长度；b 为落火杆的杆长，一般为 12、15、18m 电杆；α 为余量系数，一般取 1.07；β 为电缆采购系数，取 1.2 ~ 1.3。

（三）汇流箱（原理图及技术）

汇流箱是指用户可以将一定数量、规格相同的光伏电池串联起来，组成一个个光伏串列，然后再将若干个光伏串列并连接入光伏汇流箱。在光伏汇流箱内汇流后，通过控制器、直流配电柜、光伏逆变器和交流配电柜配套使用，从而构成完整的光伏发电系统，实现与市电并网。汇流箱在光伏发电系统中是保证光伏组件有序连接和汇流功能的接线装置。该装置能够保障光伏系统在维护、检查时易于切断电路，在光伏系统发生故障时减小停电的范围。

汇流箱原理图如图 3 - 10 所示。

汇流箱从功能上分为三种：第一种为基本型，不带防反和监控功能；第二种带防反功能，不带监控功能；第三种，既带防反功能又带监控功能，是汇流箱中功能最全，成本和价格最高的种类（如图 3 - 11 所示）。

汇流箱组成如图 3 - 12 所示。

1. 箱体

一般采用钢板喷塑、不锈钢、工程塑料等材质，外形美观大方、结实耐用、安装简单方便，防护等级达到 IP54 以上，防水、防尘，满足户外长时间使用的要求。

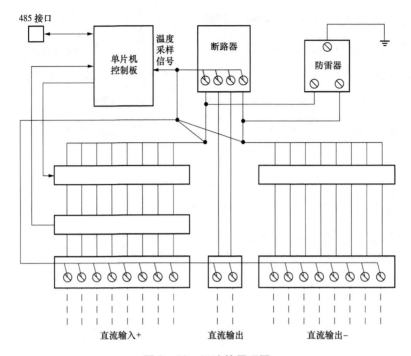

图 3-10　汇流箱原理图

图 3-11　汇流箱分类

图 3-12　汇流箱组成

2. 直流断路器

它是整个汇流箱的输出控制器件，主要用于线路的分/合闸。其工作电压高至 DC1 000 V。由于太阳能组件所发的电能为直流电，在电路开断时容易产生拉弧，因此，在选型时要充分考虑其温度、海拔降容系数，且一定要选择光伏专用直流断路器。

3. 直流熔断器

在组件发生倒灌电流时，光伏专用直流熔断器能够及时切断故障组串，其额定工作电压达 DC1 000 V，而额定电流一般选择 15 A（晶硅组件）。光伏组件所用直流熔断器是专为光电系统而设计的专用熔断器（外形尺寸：10 mm×38 mm），其采用专用封闭式底座安装，能够避免组串之间发生电流倒灌而烧毁组件的问题。当发生电流倒灌时，直流熔断器迅速将故障组串退出系统运行，同时不影响其他正常工作的组串，可安全地保护光伏组串及其导体免受逆向过载电流的威胁。

4. 防反二极管

在汇流箱中的二极管与组件接线盒中二极管的作用是不同的。组件接线盒中的二极管主要是为被遮挡的电池片提供续流通道，而汇流箱中的二极管主要是防止组串之间产生环流。

5. 数据采集模块

为了监控整个电站的工作状态，一般均在一级汇流箱内增设数据采集模块。采用霍尔电流传感器和单片机技术，对每路光伏阵列的电流信号（模拟量）采样，经 A/D 转换变成数字量后，变换为标准的 RS－485 数字量信号输出，有助于用户实时掌握整个电站的工作状态。

6. 保护单元

直流高压电涌保护单元为光伏发电系统专用的防雷产品，具有过热、过流双重自保护功能；采用模块化设计，可带电更换，并有劣化显示窗口；同时可带遥信告警装置，利用数据采集模块，实现远程监控。

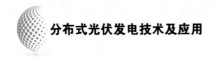

7. 人机界面

数据采集单元设有人机界面。通过人机界面可查看设备的工作实时状态，并通过键盘来实现设备工作实时状态的监测，以及实现设备参数的本地设定。

第二节　接入技术标准

【关键要点】

分布式光伏并网应符合国家和电力行业规定的相关技术要求，并网技术涉及并网接入原则与要求、并网点选择、接入方式选择、电能质量、安全与保护、电能计量、通信方式和主要电力设备等内容。接入技术标准关键要点如图 3－13 所示。

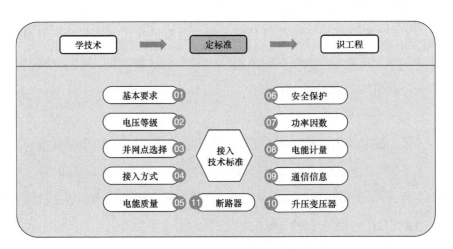

图 3－13　接入技术标准关键要点

【必备知识】

接入技术标准涵盖了并网接入原则与要求、并网点选择、接入方式选择、电能质量、安全与保护、电能计量、通信方式和主要电力设备、主要电气设备选型。

一、并网基本要求

分布式光伏发电系统接入电网时应结合当地电网规划、分布式电源规划，遵循就近分散接入，就地平衡消纳的原则。接入原则与要求涵盖了电压等级确定、并网点选择、接入方式选择、并网容量管理、电气主接线选择、主要电气设备选型与参数等内容。

分布式光伏发电系统接入电网时应确保电网和发电系统安全稳定运行，充分考虑发电电量就地消纳能力和接入引起的公共电网潮流变化。通过新增和改造相关设备及保护措施减少对公共电网和用户用电的影响，并根据并网发电容量、电量消纳模式、接入方式选择等因素，依据潮流、短路等电气计算合理确定接入电压等级、接入点位置、保护方式、电气主接线、电气设备选型等内容。同时需确保接入后用户侧的电能质量和功率因数等以满足标准要求。发电并网采用的电气设备必须符合国家或行业的制造（生产）标准，其性能应满足电气安全运行和电网安全运行的技术要求。

二、电压等级确定

分布式光伏接入电网的电压等级应按照安全性、灵活性、经济性的原则，根据分布式电源容量、发电特性、导线载流量、上级变压器及线路可接纳能力、用户所在地区配电网情况，经过综合比选后确定。

分布式光伏接入电网的电压等级可根据装机容量进行初步选择，参考标准如下：8kW 及以下可接入 220V；8～400kW 可接入 380V；400～6000kW 可接入 10kV；5000～30000kW 以上可接入 35kV。

最终所选的并网电压等级应根据电网条件、技术经济比选论证确定。若高低两级电压均具备接入条件，则优先采用低电压等级接入。

三、并网点选择

分布式电源并网点选择应根据其电压等级及周边电网情况确定，确定原则为电源并入电网后能有效输送电力，进而确保电网能够安全稳定运行。

（一）并网点选择依据

并网点选择包括全部上网模式并网点选择、自发自用模式并网点选择。

1. 全部上网模式并网点选择

（1）10kV升压站的分布式光伏并网点应选择：10kV升压站10kV进线间隔。

（2）380V分布式光伏并网点应选择：380V并网配电箱（柜），380V并网计量箱（柜），光伏多路输出的发电电源应汇流后单点接入并网点。

（3）220V分布式光伏并网点应选择：220V并网配电箱（柜），220V并网计量箱（柜），光伏多路输出的发电电源应汇流后单点接入并网点。

2. 自发自用模式并网点选择

（1）接入35kV用户降压站的分布式光伏并网点应选择在：35kV降压站35kV母线并网间隔，35kV降压站10kV母线并网间隔，用户10kV开关站并网间隔，低压配电室400V并网间隔。

（2）接入10kV用户降压站的分布式光伏并网点应选择在：10kV降压站10kV母线并网间隔，用户10kV开关站并网间隔，低压配电室400V并网间隔。

（3）380V分布式光伏并网点应选择：380V并网配电箱（柜），380V并网计量箱（柜）。

（4）220V分布式光伏并网点应选择：220V并网配电箱（柜），220V并网计量箱（柜）。

（二）并网点选择方案

10kV及以上分布式光伏发电并网点的图例说明如图3-14所示。其中，虚线框为用户内部电网，该用户电网通过公共连接点E与公共电网相连。在用户电网内部，有三个光伏发电系统，分别通过A点、B点、C点与用户电网相连，A点、B点、C点均为分布式光伏发电并网点，但不是公共连接点。在F点，有光伏发电系统直接与公用电网相连，D点是分布式光伏发电并网点，F 点是公共连接点。

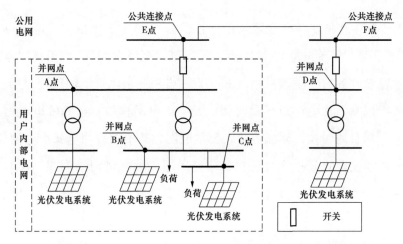

图 3 - 14　10kV 及以上分布式光伏发电并网点的图例说明

220 ~ 380V 全部上网分布式光伏发电并网点的图例说明如图 3 - 15 所示：

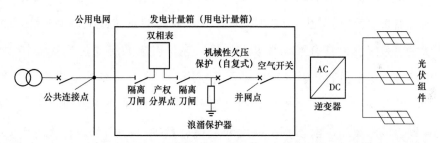

图 3 - 15　220 ~ 380V 全部上网分布式光伏发电并网点的图例说明

220 ~ 380V 自发自用模式分布式光伏发电并网点的图例说明如图 3 - 16 所示：

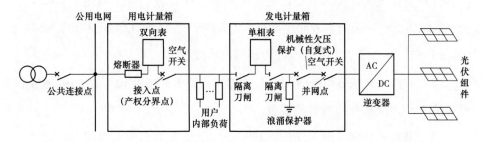

图 3 - 16　220 ~ 380V 自发自用模式分布式光伏发电并网点的图例说明

四、接入方式选择

对于利用建筑屋顶、附属场地建设的分布式光伏项目，发电量可实现"全部自用""自发自用剩余电量上网"和"全额上网"，可由用户自行选择。选择发电量为"全部自用"和"自发自用剩余电量上网"项目的时候，则接入用户侧，其中用户不足时用电量会由电网提供；选择发电量为"全额上网"项目的时候，则就近接入公共电网，其中用户用电量由电网提供。在同一屋顶建设的分布式光伏项目应选用同一种电量消纳模式。同时根据建筑屋顶的情况可将分布式光伏分为户用型家庭光伏和非户用型企业光伏两类。

五、电能质量

分布式光伏发电是通过光伏组件将太阳能转化为直流电，再通过并网型逆变器将直流电转化为与电网同频率、同相位的正弦波电流并进入电网。光伏发电系统出力具有波动性和间歇性，光伏发电系统通过逆变器将太阳能电池方阵输出的直流转换交流供负荷使用，其含有大量的电力电子设备，当接入配电网时会对当地电网的电能质量产生一定的影响，包括谐波、电压偏差、电压波动、电压不平衡度和直流分量等方面。为了能够向负荷提供可靠的电力，由光伏发电系统引起的各项电能质量指标应该符合相关标准的规定。

（1）分布式光伏接入后发出电能的质量，在谐波、电压偏差、电压不平衡度、电压波动和闪变等方面应满足 GB/T 12325、GB/T 12326、GB/T 14549、GB/T 15543、GB/T 24337 等电能质量国家标准要求。

（2）分布式光伏发电系统需在公共连接点或并网点装设满足 GB/T 19862 要求的 A 级电能质量在线监测装置。

（3）分布式光伏发电系统的电能质量监测历史数据应至少保存一年，并将相关数据上送至上级运行管理部门。

六、安全与保护

当分布式光伏接入系统运行时，需为并网运行分布式光伏系统配置相关的继电保护装置和故障解列等安全自动装置。当分布式光伏线路本身或分布式光伏所接入电压等级系统发生故障时，配置的防孤岛保护应能通过可靠动作及时切除故障点，保证动作时间与电网侧重合闸以及备用电源自动投切装置的时间配合，保障供电质量，减少电网设备的损坏及其对检修人员的人身危险。

分布式电源的继电保护及安全自动装置配置应满足可靠性、选择性、灵敏性和速动性的要求，其技术条件应符合现行《继电保护和安全自动装置技术规程》（GB/T 14285—2006）、《3kV～110kV 电网继电保护装置运行整定规程》（DL/T 584—2007）和《低压配电设计规范》（GB 50054—2011）的要求。

七、功率因数

380V 电压等级并网的光伏发电系统应保证并网点处功率因素处于超前 0.98 至滞后 0.98 之间。10kV 电压等级并网的发电系统功率因素应处于超前 0.95 至滞后 0.95 之间的连续可调范围；发电系统配置的无功补偿装置类型、容量及安装位置应结合发电系统实际接入情况确定，优先利用逆变器的无功调节能力，必要时也可安装动态无功补偿装置。

发电系统的无功功率和电压调节能力应满足相关标准的要求，选择合理的无功补偿措施；对于发电系统无功补偿容量的计算，应充分考虑逆变器功率因素、汇集线路、变压器和送出线路的无功损失等因素。

八、电能计量

电能计量装置是准确测量电力电量的重要装置之一。通过科学准确的计量可以监测供电企业的经济效益，为企业发展战略的改善提供可靠依据。此外，测量的数据也能直接反映出用户的用电情况，进行节约用电。对光伏用户而言，可靠的电能计量以及通信装置，除正确计量电能进行结算外，还可辅助用户对设备运行状况进行判断。

电能计量需遵循一般原则、计量点设置原则，如图 3-17 所示。

一般原则	计量点设置原则
• 符合DL/T • 448-2000《电能计量装置技术管理规程》的相关要求	• 全额上网模式计量点设置 • 自发自用、余电上网模式计量点设置

图 3-17　电能计量遵循的原则

（一）一般原则

1. 与公共电网连接的分布式光伏发电系统，其电能计量应设立上下网电量和发电量计量点。计量点装设的电能计量装置配置和技术要求应符合 DL/T。

2. DL-T 448-2000《电能计量装置技术管理规程》的相关要求。分布式电源接入配电网时，其通信信息应满足配电网规模、传输容量、传输速率的要求，遵循可靠、实用、扩容方便和经济的原则，同时满足调度运行管理规程的要求。

（二）计量点设置原则

分布式光伏发电系统接入配电网应设立上下网电量和发电量电能计量点。计量点装设的电能表按照计量用途分为两类：一是关口计量电能表，它用于计量用户与电网间的上、下网电量；二是并网电能表，它用于计量发电量，其中计量点处应将计量计费信息上传至运行管理部门。

电能计量点原则上应设置在供电设施与受电设施的产权分界处。按照全额上网模式与自发自用、余电上网模式划分，其计量点设置主要参照以下原则：

1. 全额上网模式计量点设置

用户用电计量点和发电计量点合并，设置在电网和用户的产权分界点处，同时配置双方向关口计量电能表,分别计量用户与电网间的上下网电量和光伏发电量(上网电量即为发电量)。若产权分界处不适宜安装电能计量装置,则由分布式电源业主与供电企业协商确定关口计量点。

2. 自发自用、余电上网模式计量点设置

用户用电计量点设置在电网和用户的产权分界点,通过配置双方向电能表,分别计量用户与电网间上下网电量;发电计量点设置在并网点,通过配置单方向电能表,计量光伏发电量。

九、通信与信息

分布式光伏发电系统接入配电网时应根据当地电力系统通信现状,因地制宜地选择下列通信方式,满足光伏接入需求。

(一)光纤通信

根据分布式光伏发电接入方案,光缆可采用 ADSS 光缆、OPGW 光缆、管道光缆,其中光缆芯数 12 – 24 芯和纤芯均应采用 ITU – TG. 625 光纤。结合本地电网整体通信网络规划,可采用 EPON 技术、工业以太网技术、SDH/MSTP 技术等多种光纤通信方式。

(二)电力载波

对于接入 35/10kV 配电网中的分布式光伏来说,当不具备光纤通信条件时,可采用电力线载波技术。

(三)无线方式

可采用无线专网或 GPRS/CDMA 无线公网通信方式。当有控制要求时,不宜采用无线公网通信方式;如采用无线公网通信方式且有控制要求时,应按照 GB/T 22239 的规定采取可靠的安全隔离和认证措施。采用无线公网的通信方式时应满足《配电自动化建设与改造标准化设计技术规定》(Q/GDW 625—2011)和《电力用户用电信息采集系统管理规范 第二部分通信信道建设管理规范》(Q/GDW 380.2—2009)的相关规定,采取可靠的安全隔离和

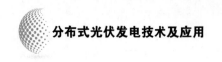

认证措施，支持用户优先级管理。

（四）通信设备供电

（1）分布式光伏发电接入系统通信设备电源性能应满足《接入网电源技术要求》（YD/T 1184—2002）的相关要求。

（2）通信设备供电应与其他设备统一考虑。

（五）运行信息管理

在正常运行情况下，分布式光伏发电系统向电网调度机构提供的信息要求如下：

（1）380伏或10千伏分布式光伏发电接入系统暂时只需上传电流、电压和发电量信息，当条件具备时，应具备预留上传并网点开关状态的能力。

（2）10千伏以上电压等级接入的分布式光伏发电系统需上传并网设备状态、并网点电压、电流、有功功率、无功功率和发电量等实时运行信息。

十、升压变压器

变压器用于分布式光伏逆变器逆变电压升压经10kV并网，变压器的参数应符合GB24790、GB/T6451、GB/T 17468的有关规定。变压器单台容量和数量应综合考虑分布式电源的当前和远期装机情况，并按照实际情况进行选择。升压变压器容量宜采用315、400、500、630、800、1000、1250kVA或多台组合。

根据自然条件、变压器的形式和容量，选择合适的冷却方式。由于升压站场地限制，分布式电源变压器多采用干式变压器、自然风冷却方式，此处推荐使用低损耗型变压器如SCB11。而升压变压器容量可按光伏方阵单元模块最大输出功率选取。对于在沿海或风沙大的分布式光伏电源点来说，当采用户外布置时，沿海变压器防护等级应达到IP65，而风沙地区变压器防护等级应达到IP54。

十一、断路器

分布式电源接入系统工程断路器的作用至关重要。并网点开关是否符合安全要求以及设备在电网异常或故障时能否在电网停电时可靠断开，都将影响人身安全的保证。并网点开关的选择应遵循以下原则：

（1）电网公共连接点和光伏系统并网点在光伏系统接入前后的短路电流，为电网相关厂站及光伏系统的开关设备选择提供依据。在无法确定光伏逆变器短路特征参数情况下，应考虑一定裕度，其中光伏发电提供的短路电流需按照 1.5 倍额定电流计算。

（2）380/220V：分布式电源并网点应安装易操作、具有明显开断指示、具备开断故障电流能力的断路器。断路器可选用塑壳式或万能断路器，根据短路电流水平选择设备开断能力，并留有一定裕度以及具备电源端与负荷端反接能力。开关应具备失压跳闸及低电压闭锁合闸功能，失压跳闸定值宜整定为 20% UN、10 秒，检有压定值宜整定为大于 85% UN。

（3）10kV：分布式电源并网点应安装易操作、可闭锁、具有明显开断点以及具备接地条件、可开断故障电流的开断设备。

（4）当分布式电源并网公共连接点为负荷开关时，宜改造为断路器；并根据短路电流水平选择设备开断能力，留有一定裕度。

第三节　分布式光伏工程

⚙️【关键要点】——————————————————————————

从现场施工角度，总结了分布式光伏的施工总体原则、现场施工条件等。在现场施工需注意的安全要点中，特别需注意的是光伏支架、电气设备和缆线安装要求等，并从项目费用造价及收益分析，明确分布式光伏效益测算原则。分布式光伏工程关键要点如图3-18所示。

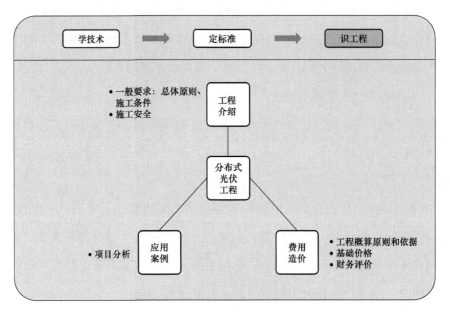

图3-18　分布式光伏工程关键要点

 【必备知识】

分布式光伏项目工程管理及现场施工要求，工程造价分析及效益测算原则等。

一、施工工程介绍

（一）一般要求

一般要求包括总体原则、施工条件。

1. 总体原则

根据分布式光伏的特点，施工总体原则如图3-19所示。

2. 施工条件

施工前具有的条件（见图3-20）。

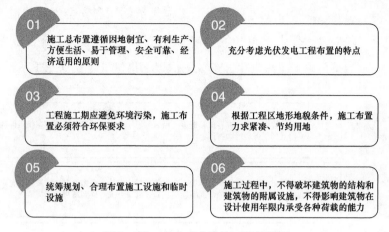

图 3-19　分布式光伏施工总体原则

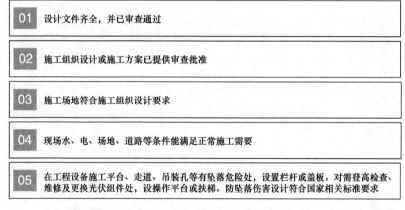

图 3-20　分布式光伏施工前的条件

（二）施工安全

为适应我国光伏发电事业建设发展的需要，为安全生产和文明生产创造条件，在光伏发电项目设计中必须贯彻国家颁布的有关劳动安全和工业卫生法令、政策，提高劳动安全和工业卫生的设计水平。在光伏电站的设计中，应贯彻"安全生产、预防为主"的方针，加强劳动保护，改善劳动条件，减少事故和人身伤害的发生，以满足光伏电站建设过程中劳动人员和光伏电站生产过程中职工的安全和健康要求。

在项目施工中，主要存在电击、机械损伤、烫伤、噪声、坠落物体打击、基坑坍塌、高温、寒冷等危害。为保证工作人员健康和安全生产的需要，在施工中应明确事故责任人，做好各种施工防护措施，严格执行施工安全技术要求。同时为避免以上事故发生，建议采取以下措施（如图3-21所示）。

01　光伏发电系统设备和部件在存放、搬运、吊装等过程中不得碰撞和受损，光伏组件的正反面不得受到任何碰撞和挤压。

02　在安装时，禁止站在光伏组件上作业，电路接通后应有防止电击的安全措施。不允许在带负荷或能够形成低阻回路的情况下接通或断开隔离开关、安装或拆卸连接缆线。

03　光伏组件施工时，应做好安全围护措施，光伏组件连接完成或部分完成后，遇有组件破裂须及时设置限制接近的措施，并由安全监察人员会同技术人员处置。

04　吊装光伏组件，其底部衬垫木。吊装光伏组件和大件设备时，避免吊装机械和吊物与周围建筑和公共设施碰撞，并有保障施工人员人身安全的措施。

05　当屋面斜度大于10°时，应设置踏脚板。

06　雨天停工前，做好光伏组件输出电缆防护，防止日照条件下光伏组件有电时发生短路。

07　工程承包商应制定详细的安全生产管理条例，对工作人员进行安全生产教育。

08　监理单位应随时检查施工单位是否按照设计要求进行施工，是否采用安全防范措施，并对工程中出现的问题进行及时纠正。

09　应设置适当数量的安全检查员，对工作人员是否严格执行安全生产管理条例和可能出现的异常情况进行检查和处理。

图3-21　避免事故发生的措施

（三）支架施工

（1）光伏组件支架及其材料符合设计要求。钢结构的焊接符合《钢结构工程施工质量验收规范》（GB 50205—2020）的规定。按设计要求校准位置，把光伏组件支架安装在基座上并保证可靠固定。框架周围需要填缝的均应填实，使表面修整光洁，无裂纹。

（2）结构件焊接完毕后进行防腐处理。防腐施工应符合《建筑防腐蚀工程施工及验收规范》（GB 50212—2002）和《建筑防腐蚀工程质量检验评定标准》（GB 50224—2010）的规定。

（3）光伏组件之间的连接方式应符合设计规定。

（4）光伏组件的排列连接固定可靠，外观整齐。

（5）在坡屋面上安装光伏建筑构件时，其周边的防雨连接结构须严格施工，不得漏水、漏雨，同时外表须整齐美观。

（6）光伏组件背面通风良好，不得被杂物遮挡。

（7）光伏组件和支架安装完成后，应检查光伏组件布线美观、整齐、无线缆外露，同时各方阵线缆连接附件应有足够的强度，防水、抗老化，便于连接和运行维护，并对成品采取保护措施。

（四）电气设备和缆线安装

（1）电气装置的安装符合《建筑电气安装工程施工质量验收规范》（GB 50303—2015）的规定。

（2）电缆线路施工符合《电气装置安装工程电缆线路施工及验收规范》（GB 50168—2018）的规定。

（3）电气系统的接地符合《电气装置安装工程接地装置施工及验收规范》（GB 50169—2016）的规定。

（4）两根电缆对连接，须使用符合绝缘标准的中间接头。

（5）逆变器表面不得设置其他电气设备和堆放杂物，不得破坏逆变器的通风环境。

（6）在光伏系统直流部分施工时，须保证正负极性的正确性。

（7）关于电线、电缆穿越楼板、屋面和墙面方面，应配置防水套管并做好防水套管与建筑物主体间的缝隙的防水密封工作，同时做好建筑物表面光洁处理。

（8）禁止屋面光伏电缆与 MC4 接头或彩钢瓦直接接触，组件板下所有线缆应采用塑包铝扎带绑扎在支架檩条上，而其他电缆应用 PVC 管、波纹管或者桥架走线。

二、费用造价

（一）工程概算原则和依据

关于工程概算的原则和依据如图 3 - 22 所示。

01 工程概算编制方法

参照水电水利规划设计总院发布的《光伏发电工程可行性 研究报告编制办法（试行）》（GD 003—2011）。

02 取费及项目划分

参照国家能源局发布的《光伏发电工程设计概算编制规 定及费用标准（NB/T 32027—2016）》。其他费用部分的取费标准按《光伏发电工程设计概算 编制规定及费用标准》（NB T 32027—2016）计列。

03 工程量

根据各设计专业提供的设备材料清册计列，不足部分参照同类型光伏电站的工程量。

04 定额指标

参照国家能源局发布的《光伏发电工程概算定额（NB/T 32035—2016）》。同时参考当地已建成同类型光伏电站实际实施成本，对部分单价进行调整。

05 勘察设计费

按《光伏发电工程勘察设计费计算标准》（NB/T 32030—2016）计列。

06 价差预备费

根据国家计委计投资[1999]1340 号文，投资价格指数按零计算。

07

其他按国家有关法规以及省、自治区、直辖市颁发的有关文件，结合光伏发电工程的特点合理计列。

图 3 - 22　工程概算的原则和依据

（二）基础价格

1. 人工预算单价

人工预算单价按《光伏发电工程设计概算编制规定及费用标准》（NB/T 32027—2016）。根据本项目适用于地区类别划分中的一般地区人工预算单价标准，分别确定高级熟练工、熟练工、半熟练工、普工等人工预算单价标准。

2. 主要材料价格

按当地近期工程建设造价信息价或市场调研价格水平计列。

3. 主要设备价格

参照建设单位最近一次招标价格及市场调研价格综合确定。

4. 工程取费表

工程费率标准可采用《光伏发电工程设计概算编制规定及费用标准》（NB/T 32027—2016）进行计算确定。

（三）财务评价

项目投资主体可按《建设项目经济评价方法与参数》（第三版）中有关说明，并参考现行的有关财税政策，对分布式光伏项目进行财务评价。

项目投资评价指标按照重要性分为：主要指标（内部收益率）、次要指标（静态投资回收期）、辅助指标（项目投资收益率）。

1. 内部收益率

内部收益率是指使投资项目产生的现金净流入的现值之和等于原始投资额的折现率，即投产后各年 NCF 的现值合计 – 原始投资的现值 = 0，其中 NCF 是指净现金流量。

2. 静态投资回收期

静态投资回收期反映以投资项目净现金流量抵偿原始总投资所需要的全部时间。计算公式为 $PP = M +$ 第 M 年累计 $NCF/$（第 $M + 1$ 年的 NCF），其中 M 是指累计净现金流量由负变正的前一年。

3. 项目投资收益率

项目投资收益率是指项目平均年息税前利润与项目投资总额的比率，其反映项目总投资的盈利水平。计算公式为 $ROI = EBIT/TI$，其中 $EBIT$ 指平均年息税前利润；TI 指项目总投资（包括建设投资、建设期贷款利息和全部流动资金）。

三、应用案例示例

项目由国网××综合能源服务有限公司投资建设，建设地点为温州××电气股份有限公司（以下称××公司）屋顶。双方采用效益分享型合同能源管理模式，合同签订年限 25 年。根据现行的浙江电网销售电价协商确定××公司基准电价为 0.7375 元/（kW·h），光伏电价按基准电价 8 折［即 0.59 元/（kW·h）］结算。其中案例情况如图 3－23 所示。

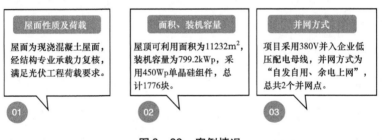

图 3－23　案例情况

项目分析

温州××电气股份有限公司位于温州市平阳县鳌江镇，主要生产氧化锌避雷器、复合绝缘子、跌落式熔断器、高压隔离开关、真空断路器、氧化锌电阻片六大系列涵盖数百种产品，拥有 38 项专利技术。建设场地为该公司新建厂房。该企业电价为 10kV 大工业电价，企业变压器为 1 台 2500kVA 变压器，光伏电消纳率预估为 85%，光伏电价为 0.59 元/（kW·h），光伏装机容量 799.2kWp。

考虑组件效率首年衰减 2.5%，第二年至第二十五年平均年衰减率 0.6%，整个生命周期组件总衰减 16.9%，结合项目地区辐照值，25 年总发电量

2100.81 万 kW·h，年平均发电量 84.03 万 kW·h，投资方年均收益 47.37 万元，其中企业光伏消纳收益 84.03×0.85×0.59=42.14 万元，上网收益 84.03×0.15×0.4153=5.23 万元［上网电价为 0.4153 元/（kW·h）］，25 年总发电收入为 1184.37 万元；企业方年均收益=84.03×0.85×（0.7375-0.59）=10.54 万元，25 年总收益 263.5 万元。该项目的基本参赛及财务情况如表 3-1 所示。

表 3-1　　　　　　　　项目的基本参数及财务情况

光伏系统参数			
光伏装机容量	799.2kWp	造价	311.69 万元
25 年总发电量	2100.81 万 kW·h	年平均发电量	84.03 万 kW·h
财务情况			
光伏电消纳率	85%		
市电价格	0.7375 元/（kW·h）		
上网电价	0.4153 元/（kW·h）		
光伏电价	0.59 元/（kW·h）		
发电收入	1184.37 万元		
净现值	204.75 万元		
内含报酬率（所得税前）	12.84%		
投资回报率（所得税前）	8.43%		
静态回收期（年）	6.92 年		
动态回收期（年）	9.59 年		

👤【本章小结】

本章从分布式光伏的元器件出发，分析了光伏组件、光伏逆变器的原理、参数和常见问题等，并结合标准规范、技术要求，明确了分布式光伏接入原则与要求、并网点选择、接入方式选择、电能质量、安全与保护、电能计量、通信方式和主要电力设备等内容，最后分析工程现场施工要求，明确项目收益测算原则等。

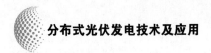

【本章练习】

1. 根据国家和行业规定，分布式光伏并网涉及哪几个方面的要求？

2. 组件发展趋势是什么？

第四章

分布式光伏发电结算

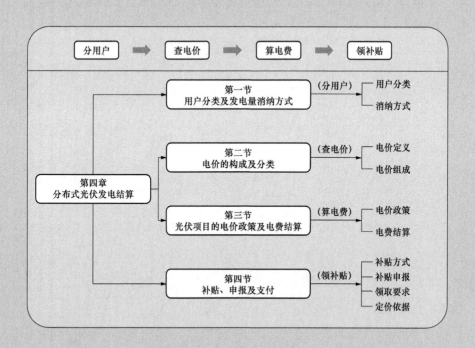

　　随着构建清洁低碳高效的能源体系，控制化石能源总量，着力提高利用效能，实施可再生能源替代行动，深化电力体制改革，构建以新能源为主体的新型电力系统的提出，光伏市场将进入倍增阶段。本章将从用户分类及发电量消纳方式，电价的组成，光伏项目的电价政策及电费结算、补贴方式、申报及支付要求四部分让分布式光伏用户了解自身结算电费的组成，并能初步评估光伏项目发电能效，计算年收益。

第一节 用户分类及发电量消纳方式

【关键要点】

本节主要介绍用户分类、发电量消纳方式。用户分为自然人与非自然人；发电量消纳方式可分为"全部自用""自发自用余电上网""全部上网"三种。用户分类及发电量消纳方式关键要点如图4-1所示。

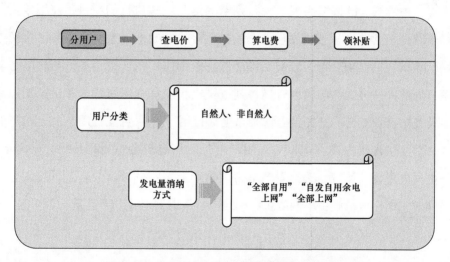

图4-1 用户分类及发电量消纳方式关键要点

【必备知识】

用户分类及发电量消纳方式。

一、用户分类

（一）自然人概念

自然人法律上意义指的是公民，这里指居民光伏。

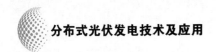

（二）非自然人概念

非自然人法律上意义指的是法人，这里指光伏企业（非居）。

二、发电量消纳方式

根据《国家能源局关于进一步落实分布式光伏发电有关政策的通知》（国能新能〔2014〕406号）、《国家电网公司转发国家能源局关于进一步落实分布式光伏发电有关政策的通知》（国家电网发展〔2014〕1325号）等文件，对于利用建筑屋顶及附属场地建设的分布式光伏项目，在项目备案时可在"全部自用""自发自用余电上网""全部上网"三种发电量消纳方式中自行选择一种模式。已按"自发自用、余电上网"模式执行的项目，在用电负荷显著减少（含消失）或供用电关系无法履行的情况下，允许变更为"全额上网"模式。同时项目单位要向当地能源主管部门申请变更备案，与供电企业签订新的并网协议和购售电合同，其中供电企业负责向财政部和国家能源局申请补贴目录变更。选择发电量为"全部自用"和"自发自用余电上网"的项目，当接入用户内部电网时，用户不足时用电量会由电网提供，同时上、下电网电量分开计量。选择发电量为"全额上网"的项目，当就近接入公共电网时，用户电量则由电网提供，同时上、下电网电量分开计量。

第二节　电价的构成及分类

【关键要点】

本节主要从定义、组成两部分介绍电价。电价是电能这一商品价值的货币表现，是电力这个特殊商品在供电企业参加市场活动、进行贸易结算中的货币表现形式，是电力商品价格的总称。电价由上网电价、输配电价、政府基金及附加、销售电价组成。电价的构成及分类关键要点如图4-2所示。

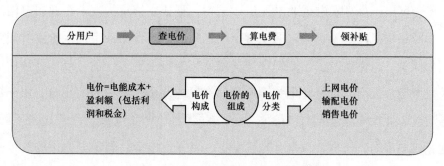

图4-2　电价的构成及分类关键要点

【必备知识】

电价的构成及分类。

一、电价的构成

电价是电能这一商品价值的货币表现，是电力这个特殊商品在供电企业参加市场活动、进行贸易结算中的货币表现形式，是电力商品价格的总称。它由电能成本、利润和税金构成。因此，电价的基本模式是：电价＝电能成本＋盈利额（包括利润和税金）。电能成本反映了供电企业再生产过程的价值补偿，而制定电价时必须以电能成本为最低界限，这是保证供电企业再生产正常进行的必要条件。

二、电价的分类

电价按电力生产经营环节可分为上网电价、输配电价和销售电价。电价实行统一政策，贯彻统一定价原则，进行分级管理。制定电价时应当合理补偿成本，合理确定收益，并依法计入税金，坚持公平负担，促进电力建设。国家发改委根据售电情况进行电价的统一制定，各地发改委（物价局）负责具体落实政策和制定当地电价，供电单位负责电价的执行。

（一）上网电价

上网电价核算发电企业电能生产成本，是独立核算的发电企业向电网经营企业提供上网电量时与电网经营企业之间的结算价格。上网电价实行同网同质同价，电力生产企业有特殊情况需另行制定上网电价的，具体办法由国务院规定。上网电价按发电类型确定，本轮电改前主要由政府定价，用于覆盖发电企业投资运营成本和利润。对于不同能源产生的电能，上网电价不同，包括煤电水电、核电、风电、光伏发电、燃气发电等。随着电力市场改革的深入，上网电价逐渐转由市场形成，电价波动对用电成本的影响更加明显。上网电价是调整独立经营的电力生产企业与电网经营企业利益关系以及协调两者关系的重要手段，同时也是协调企业发展的重要经济杠杆之一。

（二）输配电价

输配电价是电网与电网之间通过电力网相互提供电力、电量的结算价格，售电方和购电方为两个不同核算单位的电网，包括跨省、自治区、直辖市电网和独立网之间，省级电网和独立电网之间，独立电网与独立电网之间相互交换电力电量的结算价格。应按照《输配电价管理暂行办法》核算供电企业电能传输成本。

（三）销售电价

销售电价是指电网经营企业对终端用户销售电能的价格，以及电网通过供电企业向客户销售电力的价格。销售电价坚持公平负担，有效调节电力需求，兼顾公共政策目标，建立与上网电价联动机制的原则，是电力用户最终用电价格。根据用电类别，可分为大工业、一般工商业及其他、居民、农业四类销售电价。其中，政府基金及附加是由按照国家相关法律、行政法规规定或经国务院以及国务院授权部门批准，随售电量通过电价征收的非税收入，用于补贴可再生能源发电、重大水利工程建设、水电站库区移民等。

第三节　光伏项目的电价政策及电费结算

【关键要点】

本节主要介绍光伏项目的电价政策、电费结算两部分。光伏项目的电价政策从关于光伏项目上网电价的文件、光伏电站标杆上网电价政策以及其他相关政策介绍；通过对电费结算的用电电费结算、上网电费结算、投资回报的介绍，进一步了解光伏项目投资回报。其中光伏项目的电价政策及电费结算关键要点如图4-3所示。

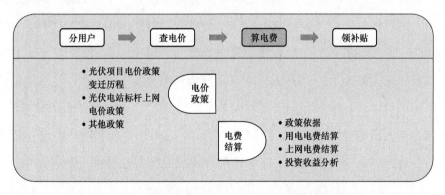

图4-3　光伏项目的电价政策及电费结算关键要点

【必备知识】

光伏项目的电价政策及电费的结算。

一、光伏项目的电价政策

（一）光伏项目电价政策变迁历程

自2011年以来，国家发改委下发了系列光伏项目上网电价文件，对光伏项目上网电价及补贴进行多次调整。并且在 2021 年，光伏已全面进入平价上网时代。

2011 年 7 月 24 日，国家发展改革委员会下发《关于完善太阳能光伏发电上网电政策的通知》（发改价格〔2011〕1594 号）文件，出台了我国第一个地面光伏电站的标杆电价政策：2011 年 7 月 1 日前备案、12 月 31 日之前并网项目，上网为 1.15 元/(kW·h)；之后的项目为 1 元/(kW·h)；分布式光伏继续执行初始投资补贴。

2013 年 8 月 26 日，国家发展改革委员会下发《关于发挥价格杠杆作用促进光伏产业健康发展的通知》（发改价格〔2013〕1638 号）文件，明确 2013 年 9 月 1 日前备案，2013 年 12 月 31 日前并网的项目，继续执行 1 元/(kW·h) 的电价；2014 年 1 月 1 日之后并网的，按所在地区，执行三类标杆电价。

2015 年 12 月 22 日，国家发展改革委员会下发《关于完善陆上风电光伏发电上网标杆电价政策的通知》（发改价格〔2015〕3044 号）文件，明确 2016 年以前备案并纳入年度规模管理的光伏发电项目，但于 2016 年 6 月 30 日以前仍未全部投运的，执行 2016 年上网标杆电价。

2016 年 12 月 26 日，国家发展改革委员会下发《关于调整光伏发电陆上风电标杆上网电价的通知》（发改价格〔2016〕2729 号）文件，明确 2017 年以前备案并纳入以前年份财政补贴规模管理的光伏发电项目，但于 2017 年 6 月 30 日以前仍未投运的，执行 2017 年标杆上网电价。

2017 年 12 月 19 日，国家发展改革委员会下发《关于 2018 年光伏发电项目价格政策的通知》（发改价格〔2017〕2196 号）文件，明确 2018 年以前备案并纳入以前年份财政补贴规模管理的光伏电站项目，但于 2018 年 6 月 30 日以前仍未投运的，执行 2017 年标杆上网电价。

2018 年 5 月 31 日，国家发展改革委员会下发《关于 2018 年光伏发电有关事项的通知》（发改价格〔2018〕823 号）文件，明确将 2018 年 6 月 1 日及以后并网的三类资源区的标杆电价直接降至 0.5、0.6、0.7 元/(kW·h)。0.55、0.65、0.75 元/(kW·h) 的电价，只有全额上网的分布式光伏项目执行了半年；由于 2018 年的指标尚未发放，地面电站项目并未有获得该电价的项目。

2018 年 5 月 31 日，国家发展改革委员会下发《关于 2018 年光伏发电有关事项说明的通知》（发改价格〔2018〕823 号）文件。2018 年 10 月 9 日，三部委联合下发《关于 2018 年光伏发电有关事项说明的通知》（发改能源〔2018〕1459 号），主要对 5 月 31 日这个文件政策的相关事项进行补充说明。

2019 年 4 月 28 日，国家发展改革委员会下发《关于完善光伏发电上网电价机制有关问题的通知》（发改价格〔2019〕761 号）文件，明确光伏扶贫项目电价不变，户用光伏项目不参与竞价，执行 0.18 元/（kW·h）度电补贴；三类资源区 2019 年竞价光伏项目的指导电价分别 0.4、0.45、0.55 元/（kW·h），"自发自用、余电上网"工商业分布式执行 0.1 元/（kW·h）度电补贴。

2020 年 3 月 31 日，国家发展改革委员会下发《关于 2020 年光伏发电上网电价政策有关事项的通知》（发改价格〔2020〕511 号）文件，明确三类资源区 2020 年竞价光伏项目的指导电价分别 0.35、0.4、0.49 元/（kW·h），"自发自用、余电上网"工商业分布式执行 0.05 元/（kW·h）度电补贴。

2021 年 6 月 7 日，国家发展改革委员会下发《关于 2021 年新能源上网电价政策有关事项的通知》（发改价格〔2021〕833 号）文件，明确 2021 年光伏发电、风电等新能源上网电价政策的相关变化。2021 年起，对新备案集中式光伏发电站、工商业分布式光伏项目和新核准陆上风电项目，中央财政不再补贴，实行平价上网。2021 年新建项目上网电价，按当地燃煤发电基准价执行；新建项目可自愿通过参与市场化交易形成上网电价。

这些文件记录了光伏电价变迁的历程，新增用户电价补贴均对应光伏项目并网时间执行。

（二）光伏电站标杆上网电价政策

国家发改委下发《关于 2020 年光伏发电上网电价政策有关事项的通知》（发改价格〔2020〕511 号）。根据各地太阳能资源条件和建设成本，将全国分为三类太阳能资源区，制定相应光伏电站标杆上网电价。光伏电站标杆上网电价高出当地燃煤机组标杆上网电价（含脱硫等环保电价）的部分，通过国家可再生能源发展基金予以补贴。全国光伏电站标杆上网电价表（2020年）如表4-1所示。

表4-1　　　　全国光伏电站标杆上网电价表（2020年）

单位：元/（kW·h）（含税）

资源区	光伏电站标杆上网电价		各资源区所包括的地区
	普通电站	村级光伏扶贫电站	
Ⅰ类资源区	0.35	0.65	宁夏，青海海西，甘肃嘉峪关、武威、张掖、酒泉、敦煌、金昌，新疆哈密、塔城、阿勒泰、克拉玛依，内蒙古除赤峰、通辽、兴安盟、呼伦贝尔以外地区
Ⅱ类资源区	0.4	0.75	北京，天津，黑龙江，吉林，辽宁，四川，云南，内蒙古赤峰、通辽、兴安盟、呼伦贝尔，河北承德、张家口、唐山、秦皇岛，山西大同、朔州、忻州，陕西榆林、延安，青海、甘肃、新疆除Ⅰ类外其他地区
Ⅲ类资源区	0.49	0.85	除Ⅰ类、Ⅱ类资源区以外的其他地区

注：对集中式光伏发电继续制定指导价。在新增集中式光伏电站上网电价原则上，通过市场竞争方式确定其不得超过所在资源区指导价。

（三）其他政策

光伏项目电价其他相关政策如图4-4所示。

01 基金政策	《国务院关于促进光伏产业健康发展的若干意见》（国发[2013]24号） 《关于对分布式光伏发电自发自用电量免征政府性基金有关问题的通知》（财综[2013]103号）
02 税收政策	《关于暂免征收部分小微企业增值税和营业税的通知》（财税[2013]52号） 《关于进一步支持小微企业增值税和营业税政策的通知》（财税[2014]71号） 《关于分布式光伏发电项目补助资金管理有关意见的通知》（国家电网财[2014]1515号）
03 补贴政策	分布式发电采用度电补贴政策特点是自发自用，余电上网

图4-4　光伏项目电价其他政策

1. 基金政策

为了促进光伏产业健康发展，根据《国务院关于促进光伏产业健康发展的若干意见》（国发〔2013〕24号）的有关规定，财政部下发《关于对分布式光伏发电自发自用电量免征政府性基金有关问题的通知》（财综〔2013〕103 号）的文件，对分布式光伏发电自发自用电量免收可再生能源电价附加、国家重大水利工程建设基金、大中型水库移民后期扶持基金、农网还贷资金等 4 项针对电量征收的政府性基金。

2. 税收政策

根据财政部和国税总局印发《关于暂免征收部分小微企业增值税和营业税的通知》（财税〔2013〕52 号）、《关于进一步支持小微企业增值税和营业税政策的通知》（财税〔2014〕71 号）、《关于分布式光伏发电项目补助资金管理有关意见的通知》（国家电网财〔2014〕1515 号）等文件，自 2013 年 8 月 1 日起，对月销售额不超过 2 万元（自 2014 年 10 月 1 日起至 2015 年 12 月 31 日，月销售额上限调整至 3 万元）的小规模纳税人免征增值税。月销售额计算应包括上网电费和补助资金，不含增值税。具体免税操作按照各地税务部门有关规定执行。符合免税条件的分布式光伏发电项目由所在地供电企业营销部门（客户服务中心）代开普通发票；符合小规模纳税人条件的分布式光伏发电项目须在所在地税务部门开具 3% 税率的增值税发票；一般纳税人分布式光伏发电项目须开具 17% 税率的增值税发票。

3. 补贴政策

单位电量定额补贴政策简称度电补贴政策，是指按光伏系统所发出的电量进行的补贴，主要适用于分布式光伏发电系统。分布式发电采用度电补贴政策的特点是自发自用、余电上网，即自发自用的光伏电量不做交易。国家按照自用电量给予补贴，富余上网电量除了供电企业支付的燃煤机组标杆上网电价外也享有国家的度电补贴。

二、电费的结算

（一）电费政策依据

各供电企业应按月（或双方约定）与分布式光伏发电项目单位（含个人）结算电费和转付国家补贴资金，同时要做好分布式光伏发电的发电量预测，并根据分布式光伏发电项目优先原则做好补贴资金使用预算和计划，以确保分布式光伏发电项目的国家补贴资金及时足额转付到位。根据《关于进一步落实分布式光伏发电有关政策的通知》（国能新能〔2014〕406号）文件规定，供电企业应按照有关规定配合当地税务部门处理好购买分布式光伏发电项目电力产品发票开具和税款征收问题。对已备案且符合年度规模管理的项目，供电企业应做好项目电费结算和补贴发放情况的统计，并按要求向国家和省级能源主管部门及国家能源局派出机构报送相关信息。项目并网验收后，供电企业代理按季度向财政部和国家能源局上报项目补贴资格申请。

（二）用电电费结算

分布式光伏用电电费根据用电计量装置的记录和政府主管部门批准的销售电价（包括国家规定的随电价征收的有关费用），按供用电合同约定时间和方式结算电费。用电电价参照各省（市）销售电价文件。

（三）上网电费结算

1. "自发自用、余电上网"

（1）电价计价规则。

"自发自用、余电上网"电价由当地脱硫煤电价、国家补贴、地方补贴三部分组成。国家补贴标准应以光伏项目并网时间对应文件执行，当地脱硫煤电价和地方补贴标准需参照各省下发的文件。地方补贴是指各地根据自身能源优势、发展目标等出台各自的扶持政策，其补贴内容和标准也不尽相同。用户"自发自用、余电上网"无上网电量，则无需结算上网电量电费。

（2）案例分析。

案例1：某企业厂房屋顶2017年2月完成分布式光伏项目并网运行，该户2017年7月份发电110000kW·h，上网电量2000kW·h，请问2017年7月上网电费、补贴分别是多少元？

以浙江为例：浙江省的脱硫标杆电价为0.4153元/（kW·h），2017年给予分布式光伏的国家度电补贴为 0.42 元/(kW·h)，地方度电补贴为 0.1 元/(kW·h)。

补贴收益：发电量×(国家补贴+浙江省补贴)

$$110000 \times (0.42 + 0.1) = 57200 \text{ 元}$$

余电上网收益：发电量×当地脱硫煤标杆上网电价

$$2000 \times 0.4153 = 830.6 \text{ 元}$$

案例 2：某居民用户屋顶 2020 年 1 月完成分布式光伏项目并网运行，该户 2020 年 1 月份发电 500kW·h，上网电量 200kW·h，请问 2020 年 1 月上网电费、补贴分别是多少元？

以浙江为例：浙江省的脱硫标杆电价为 0.4153 元/(kW·h)，2020 年给予分布式光伏的地方度电补贴为 0.08 元/(kW·h)。

补贴收益：发电量×(国家补贴+浙江省补贴)

$$500 \times (0.42 + 0.08) = 250 \text{ 元}$$

余电上网收益：发电量×当地脱硫煤标杆上网电价

$$200 \times 0.4153 = 83.06 \text{ 元}$$

案例 3：某居民用户屋顶 2021 年 5 月完成分布式光伏项目并网运行，该户 2021 年 5 月份发电 300kW·h，上网电量 150kW·h，请问 2021 年 5 月上网电费、补贴分别是多少元？

以浙江为例：浙江省的脱硫标杆电价为 0.4153 元/(kW·h)，根据相关文件规定取消国补、省补，实行平价上网。

补贴收益：发电量×(国家补贴+浙江省补贴)

$$300 \times 0 = 0 \text{ 元}$$

余电上网收益：发电量×当地脱硫煤标杆上网电价

$$150 \times 0.4153 = 62.30 \text{ 元}$$

2. "全额上网"

(1) 电价政策。

"全额上网"电价应参照光伏电站上网标杆电价执行，具体电价应参照全

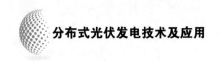

国三类电价区，同时需根据不同并网时间执行相应的标杆电价。

（2）案例分析。

某企业屋顶 2020 年 1 月完成分布式光伏项目并网运行，采用"全额上网"发电量消纳方式，2020 年 2 月份发电电量 1200kW·h，求该用户 2020 年 2 月份发电收益？

以浙江为例：浙江省光伏电站上网标杆电价为 0.49 元/（kW·h），2020 年给予分布式光伏的地方度电补贴为 0.05 元/（kW·h）。

收益：发电量 ×（地区标杆上网电价 + 补贴）

$$1200 × (0.49 + 0.05) = 594 元$$

（四）投资收益分析

1. 投资回报

分布式光伏发电的投资回报计算按照［∑每年光伏发电的收入（如度电补贴、初装补贴、上网电价）- 总投入］/（总投入 × 年限），其中总投入 = 光伏系统装机成本 + 总运营成本 + 总财务费用，光伏发电的收入 = 每年发电度数 × 度电收入。

2. 收益构成

分布式光伏的收益来源于三个部分：发电补贴、上网电费收入及自发自用节省的电费。对于利用建筑屋顶及附属场地建设的分布式光伏项目，在项目备案时，项目业主可自行选择发电量消纳方式，根据"自发自用余电上网""全额上网"两种方式进行收益分析。

3. 案例分析

案例 1：某居民家有 100m^2 左右的屋顶，2016 年自投自建 14kW 光伏发电，2020 年年发电量为 13524kW·h，上网电量 7283kW·h，居民用电电价 0.538 元（不执行峰谷）。光伏发电国家补贴为 0.42 元/（kW·h）。

以浙江为例：浙江省补贴为 0.1 元/（kW·h），浙江省脱硫煤标杆上网电价为每千瓦时 0.4153 元，本案例从"自发自用余电上网"和"全额上网"两种消纳方式分别计算，如下所示：

（1）自发自用余电上网：

补贴收益：年发电量×（国家补贴＋省补贴）

$$13524 \times (0.42 + 0.1) = 7032.48 \text{ 元}$$

节省电费：（年发电量－年上网电量）×居民用电电度电价

$$(13524 - 7283) \times 0.538 = 3357.66 \text{ 元}$$

余电卖电收益：年发电量×上网电量比例×当地脱硫煤标杆上网电价

$$7283 \times 0.4153 = 3024.63 \text{ 元}$$

年收益总计：补贴收益＋节省电费＋余电卖电收益＝13414.77 元

（2）全额上网：

全国分为三类电价区，2017 年光伏标杆电价分别为 0.8、0.88、0.98 元/（kW·h）；浙江属于三类电价区，上网电价为 0.98 元/（kW·h）。

年收益总计：年发电量×（地区标杆上网电价＋补贴）

$$13524 \times (0.98 + 0.1) = 14605.92 \text{ 元}$$

案例 2：某居民家有 100 平米左右的屋顶，2020 年 6 月自投自建 14kW 光伏发电，预计 2021 年年发电量为 13524 kW·h，上网电量 7283kW·h，居民用电电价 0.538 元（不执行峰谷）。光伏发电国家补贴为 0.08 元/（kW·h）。

以浙江为例：浙江省补贴为 0.1 元/（kW·h），浙江省脱硫煤标杆上网电价为每千瓦时 0.4153 元，本案例从"自发自用余电上网"和"全额上网"两种消纳方式分别计算，如下所示：

（1）自发自用余电上网：

补贴收益：年发电量×（国家补贴＋省补贴）

$$13524 \times (0.08 + 0.1) = 2434.32 \text{ 元}$$

节省电费：（年发电量－年上网电量）×居民用电电度电价

$$(13524 - 7283) \times 0.538 = 3357.66 \text{ 元}$$

余电卖电收益：年发电量×上网电量比例×当地脱硫煤标杆上网电价

$$7283 \times 0.4153 = 3024.63 \text{ 元}$$

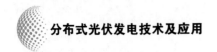

年收益总计：补贴收益 + 节省电费 + 余电卖电收益 = 8816.61 元

（2）全额上网：

全国分为三类电价区，2020 年光伏标杆电价分别为 0.35、0.40、0.49 元/（kW·h）；浙江属于三类电价区，上网电价为 0.49 元/（kW·h）。

年收益总计：年发电量 ×（地区标杆上网电价 + 补贴）

$$13524 \times (0.49 + 0.1) = 7979.16 \text{ 元}$$

从上述案例的测算结果可以看出，随着补贴价格的下调，家庭建设光伏发电在相同发电及上网电量条件下，采用"自发自用余电上网"的收益率高于"全额上网"，投资回报周期也相对更短。

第四节　补贴申报及支付

【关键要点】

本节主要从光伏项目补贴申报、补贴领取支付两部分进行介绍。其中国家政策对分布式光伏发电采取单位电量定额补贴的方式，同时符合我国可再生能源发展相关规划的相关发电项目都可以申报。补贴申报及支付关键要点如图 4-5 所示。

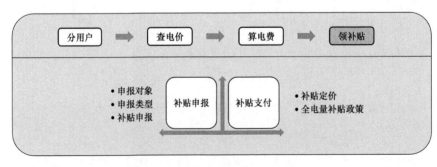

图 4-5　补贴申报及支付关键要点

【必备知识】────────────────────

光伏项目补贴申报与支付。

一、光伏项目补贴申报

国家政策对分布式光伏发电采取单位电量定额补贴的方式，即对光伏系统的全部发电量都进行补贴。因此，无论是自发自用电量还是余电上网电量均按同一标准补贴。

（一）申报对象

符合我国可再生能源发展相关规划的陆上风电、海上风电、集中式光伏电站、非自然人分布式光伏发电、光热发电、地热发电、生物质发电项目。

（二）申报类型

（1）自然人：无需申报，电网每月待结算并支付。

（2）非自然人：项目业主可通过国网新能源云平台（集中式和非自然人分布式项目），或者"网上国网"APP（非自然人分布式项目）开展补贴清单申报工作。非自然人分布式项目申报信息要求保持不变。

（三）补贴申报

（1）首次申报补贴项目清单的集中式项目。

需核对并完善项目基本信息、指标信息、核准/备案信息、接入系统信息、并网信息、电价信息和申报承诺书。

（2）已通过电网初审但未公示的集中式项目。

需补充报送电力业务许可证和并网调度协议，并更新申报承诺书。

（3）已纳入补贴目录的集中式项目。

按照财政部全面自查的要求，需补充报送电力业务许可证和并网调度协议。

（4）非自然人分布式项目。

需核对并完善项目基本信息、项目信息、指标信息、电价信息和申报可再生能源电价附加补助目录。

二、光伏项目补贴支付

补贴定价包括国家基础规定和地方补充规定相结算的政策体系，既反映了国家的原则要求，也照顾了各地的政策体系。政策内容涵盖了从初始投资补贴到光伏电站补贴、分布式光伏补贴、税收优惠、配套服务等各项内容。

"自发自用，余电上网"分布式光伏发电项目实行全电量补贴政策，通过可再生能源发展基金予以支付，由供电企业转付。如2018年1月1日以后投运的、采用"自发自用、余量上网"模式的分布式光伏发电项目，全电量度电补贴标准降低0.05元，即补贴标准调整为每千瓦时0.37元（含税）。采用"全额上网"模式的分布式光伏发电项目按所在资源区光伏电站价格执行。分布式光伏发电项目自用电量免收随电价征收的各类政府性基金及附加、系统备容量费和其他相关并网服务费。

👥 【本章小结】————————————————————————————

本章重点介绍分布式光伏发电结算，其主要分为用户分类及发电量消纳方式、电价的构成及分类、光伏项目的电价政策及电费结算、补贴申报及支付四部分。其中，用户分为自然人与非自然人；发电量消纳方式可分为"全部自用""自发自用余电上网""全额上网"三种。电价则是电力商品价格的总称，按电力生产经营环节分为上网电价、输配电价和销售电价。光伏项目的电价政策则从关于光伏项目上网电价的文件、光伏电站标杆上网电价政策以及其他相关政策介绍；电费结算部分通过用电电费结算、上网电费结算、投资回报的介绍，进一步了解光伏项目投资回报。最后从光伏项目补贴申报及补贴支付两部分介绍，让分布式光伏用户了解自身结算电费的组成，并能初步评估光伏项目发电能效，计算年收益。

【本章练习】

1. 电价按电力生产经营环节可以怎么分？

2. 分布式光伏发电的投资回报怎样计算？

第五章

分布式光伏并网业务

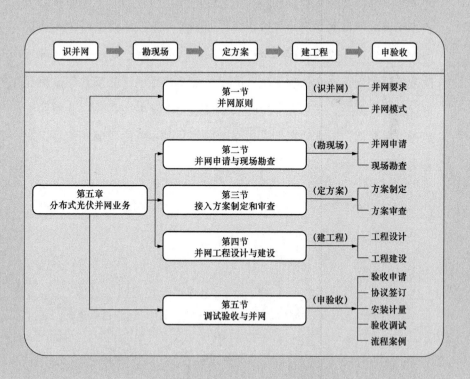

　　光伏发电系统通常分为离网光伏发电系统和并网光伏发电系统。并网光伏发电系统将发电系统以微网的形式接入到大电网并网运行，与大电网互为支撑，能大幅提高光伏发电规模。相较于离网光伏发电系统，其投资成本也相对较少，是光伏发电技术发展的重要方向。本章分为五个部分，分别从并网原则、并网申请与现场勘查、接入方案制定和审查、并网工程设计与建设、调试验收与并网五个方面对分布式光伏发电项目的并网业务进行详尽地阐述，帮助用户了解该类项目的设立、建设、验收、运行全流程。在第四节中将会对公共电网配套改造工程和分布式光伏项目接入工程这两类常见项目的基本建设情况进行说明。最后，在第五节中辅以分布式光伏发电项目并网业务的全流程实操案例，以真实案例来加深用户对并网业务的了解，使得该业务更好开展。

第一节　并网原则

【关键要点】

本节内容主要包括并网要求和并网模式两个部分，其中并网要求主要依据国家相关标准等分类，并网模式主要依据具体情况进行分类。通过对三种发电量消纳方式进行自行选择，确定并网模式。其中并网原则关键要点如图5−1所示。

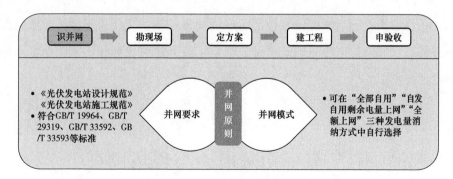

图 5−1　并网原则关键要点

【必备知识】

并网要求及并网模式。

一、并网要求

分布式光伏发电项目并网点的电能质量应符合国家标准，工程设计和施工应满足《光伏发电站设计规范》和《光伏发电站施工规范》等国家标准。项目应符合《光伏发电站接入电力系统技术规定》（GB 19964—2012）《光伏发电站接入电力系统技术规定》（GB/T 19964—2012）《光伏发电系统接入配电网技术规定》（GB/T 29319—2012）《分布式电源并网运行控制规范》（GB/T 33592—2017）《分布式电源并网技术要求》（GB/T 33593—2017）等标准规定，项目设计、验收、调试亦应严格参照上述标准进行。

二、并网模式

在利用建筑屋顶及附属场地建设的分布式光伏发电项目方面，项目业主可在"全部自用""自发自用剩余电量上网""全额上网"三种发电量消纳方式中自行选择。按"自发自用、余电上网"模式执行的项目，在供用电关系无法履行或用电负荷显著减少的情况下，可以与项目的管辖单位申请变更为"全额上网"模式，但原则上之后不得再变更回"自发自用、余电上网"模式。项目业主要向当地能源主管部门申请变更备案，与项目管辖单位签订新的并网协议和购售电合同，而项目管辖单位负责向财政部和国家能源局申请补贴目录变更。

第二节　并网申请与现场勘查

【关键要点】

本节内容主要包括并网申请和现场勘查两个部分。其中并网申请部分主要对申请渠道、申请资料等内容进行说明；现场勘查则主要是厘清勘察流程，阐明勘察要点。其中并网申请与现场勘查关键要点如图 5 - 2 所示。

 【必备知识】

并网申请及现场勘查。

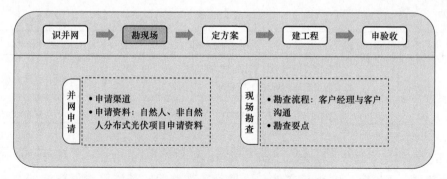

图 5-2　并网申请与现场勘查关键要点

一、并网申请

(一) 申请渠道

分布式光伏客户可通过供电企业营业厅、手机客户端应用程序等线上线下多种渠道，提出并网申请。

(二) 申请资料

根据项目具体需要，客户填写并网申请信息，提供相应的证明材料，以及所需的身份证明材料、产权证明材料等。

1. 自然人分布式光伏项目申请所需资料包括：自然人有效身份证明、房屋产权证明或其他证明文书、经办人有效身份证明文件及委托书原件。具体申请资料如表5-1所示。

表 5-1　　　　　　　　　自然人分布式光伏项目申请资料

业务环节	序号	资料名称	备注
业务受理	1	自然人有效身份证明：身份证、军人证、护照、户口簿或公安机关户籍证明	
	2	房屋产权证明或其他证明文书： 《房屋所有权证》《国有土地使用证》或《集体土地使用证》； 《购房合同》； 含有明确房屋产权判词且发生法律效力的法院法律文书（判决书、裁定书、调解书、执行书等）；	提供其中一项

业务环节	序号	资料名称	备注
业务受理	2	若属农村用房等无房屋产权证或土地证的，可由村委会或居委会出具房屋归属证明	提供其中一项
	3	经办人有效身份证明文件及委托书原件	委托代理人办理

　　2. 非自然人分布式光伏项目申请所需资料包括：法人有效身份证明、营业执照、土地合法性支持文件、项目备案文件等。具体申请资料如表 5-2 所示。

表 5-2　　　　　　　　非自然人分布式光伏项目申请资料

业务环节	序号	资料名称	备注
业务受理	1	法人代表（或负责人）有效身份证明： 身份证、军人证、护照、户口簿或公安机关户籍证明	提供其中一项
	2	法人或其他组织有效身份证明： 营业执照或组织机构代码证；宗教活动场所登记证；社会团体法人登记证书；军队、武警后勤财务部门核发的核准通知书或开户许可证	提供其中一项
	3	土地合法性支持文件，包括： 《房屋所有权证》《国有土地使用证》或《集体土地使用证》； 《购房合同》； 含有明确土地使用权判词且发生法律效力的法院法律文书（判决书、裁定书、调解书、执行书等）； 租赁协议或土地权利人出具的场地使用证明	第 1 至第 3 项提供其中一项； 租赁第三方屋顶时还需提供第 4 项
	4	经办人有效身份证明文件及委托书原件	委托代理人办理
	5	项目备案文件	需备案项目
	6	发电项目前期工作及接入系统设计所需资料	10（20）kV 及以上接入项目提供
	7	用电相关资料如一次主接线图、平面布置图、负荷情况等	接入转变用户提供
	8	建筑物及设施使用或租用协议	合同能源管理项目
	9	关于同意××申请安装分布式光伏发电的项目同意书； 关于同意××申请分布式光伏发电的项目开工的同意书	使用公共区域（住宅小区）建设分布式光伏提供

二、现场勘查

（一）勘查流程

并网申请受理后，客户经理根据客户提交的申请资料和关联用户的资料，了解客户地址、预计并网容量、消纳方式等，判断可能的接入方式，并与客户沟通确认现场勘查时间后，组织对现场安装条件、供电电源等情况开展勘查。

（二）勘查要点

勘察要点如图 5-3 所示。

01 调查核对客户姓名、用电地址、联系电话等信息是否与客户提供的申请资料一致

02 根据客户意愿以及实际发电和用电情况，确认光伏项目的消纳方式

03 按就近原则勘查供电电源，包括台区名称、接入分支箱编号或落户杆号等

04 掌握拟并网容量、并网电压、接线路径等信息

05 若由光伏公司或其他单位代办，需确认经办人信息与申请材料一致

图 5-3　勘察要点

第三节　接入方案制定和审查

【关键要点】

本节主要内容包括方案制定、方案审查和方案答复三个部分。方案制定

主要包括对电力系统概况、接入项目概况、光伏设备信息、接入系统方案等基本信息的确定。方案审查与方案答复为连贯程序，方案审查通过后便进行回复。其中接入方案制定和审查关键要点如图 5-4 所示。

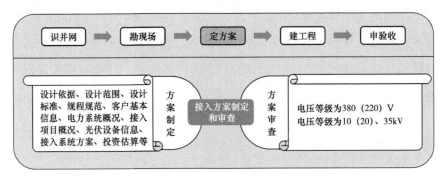

图 5-4　接入方案制定和审查关键要点

【必备知识】

接入方案制定和审查与答复。

一、方案制定

供电企业按照国家、行业、地方及企业相关技术标准，依据客户提供资料和现场查勘结果，参照《分布式光伏接入系统典型设计》制定分布式光伏发电项目接入方案。接入方案包含设计依据、设计范围、设计标准、规程规范、客户基本信息、电力系统概况、接入项目概况、光伏设备信息、接入系统方案、投资估算等内容（如图 5-5 所示）。

公共连接点电压等级为 380（220）V 的分布式光伏发电项目，供电企业组织编制典型接入方案模板（附）。公共连接点电压等级为 10（20）、35kV 的分布式光伏发电项目，接入方案编制后由供电企业组织审查。

二、方案审查与答复

公共连接点电压等级为 380（220）V 的分布式光伏发电项目，供电企业

1	客户基本信息：客户名称、项目地址等
2	电力系统概况：上级电网现状、负荷信息等
3	接入项目概况：发电规模、上网方式、屋顶面积等
4	光伏设备信息：太阳能电池组件、并网逆变器等
5	接入系统方案：接线示意图、保护方式、计量方式、通信方式等

图 5-5　接入方案主要内容

采用典型接入方案模板制定并答复接入方案。

公共连接点电压等级为 10（20）、35kV 的分布式光伏发电项目，供电企业组织对接入方案、设备选型、电能质量、系统继电保护等进行审查，出具评审意见和接入电网意见函并答复客户。

第四节　并网工程设计与建设

【关键要点】

本节主要讲述并网工程设计与并网工程建设两方面的内容。其中，并网工程设计是并网工程建设的基础，在进行工程方案设计并通过审核后便可开展建设工作。并网工程建设根据项目类型通常分为公共电网配套改造工程和分布式光伏项目接入工程两类。其中并网工程设计与建设关键要点如图 5-6 所示。

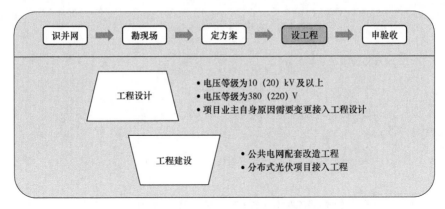

图 5-6　并网工程设计与建设关键要点

 【必备知识】

并网工程设计与并网工程建设。

一、并网工程设计

项目业主投资建设的光伏本体电气工程（简称并网工程）设计，由项目业主委托有相应资质的设计单位并按照答复的接入方案开展。

（1）公共连接点电压等级为 10（20）kV 及以上的分布式光伏发电项目，应由供电公司组织设计文件审查。项目归属地供电公司接受并查验项目业主提交的设计资料，同时组织专业部门（单位），依照国家、行业等相关标准以及批复的接入方案，审查设计文件，并答复审查意见。

（2）公共连接点电压等级为 380（220）V 的分布式光伏发电项目，项目业主可委托供电企业或自行组织设计审查；对于设计文件自行组织设计审查的，项目业主负责设计的文件应符合国家、行业标准，符合安全规程的要求以及国家相关规定。

（3）项目业主自身原因需要变更接入工程设计的，应将变更后的设计文件再次送审，审查通过后方可实施。

二、并网工程建设

(一) 公共电网配套改造工程

接入公共电网的分布式光伏发电项目接入工程以及接入引起的公共电网改造部分由供电企业投资建设。接入用户内部电网的分布式光伏发电项目，接入工程由项目业主投资建设，而接入引起的公共电网改造部分由供电企业投资建设。

(二) 分布式光伏项目接入工程

项目业主可自行选择设计、施工及设备材料供应单位。承揽接入工程施工的单位应具备能源监管部门颁发的承装（修、试）电力设施许可证、建筑业企业资质证书、安全生产许可证。设备选型应符合国家安全、节能、环保要求，选用可实现与电网侧互联互通的通信设备。

第五节　调试验收与并网

【关键要点】 ────────────────────

本节为并网项目的最后一个环节，即项目的验收与调试过程。在正式验收前，还需要经过并网验收申请、合同与协议签订、装置安装与计量三个流程。其中调试验收与并网关键要点如图 5-7 所示。

 【必备知识】 ────────────────────

并网验收申请、合同与协议签订、装置安装与计量等流程。

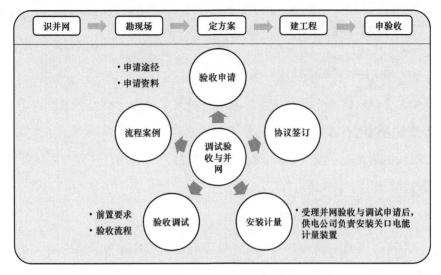

图 5 – 7 调试验收与并网关键要点

一、并网验收申请

（一）申请途径

项目业主可通过供电企业营业厅、APP 小程序等线上线下渠道提交并网验收及调试申请。

（二）申请资料

申请并网验收时，需提供施工单位资质、光伏组件和逆变器由国家认可资质机构出具的检测认证证书及产品技术参数、电气设备 CCC 认证证书等相关资料，经受理人员接受和查验，审查合格后方可正式受理，具体如表 5 – 3 所示：

二、合同与协议签订

并网验收及并网调试申请受理后，供电企业负责与项目业主办理分布式光伏发电项目购售电合同签订工作，其中线上受理的自然人分布式光伏发电项目，项目业主可线上签订购售电合同。纳入调度管辖范围的项目，地市供

表5-3   并网验收申请资料

业务环节	序号	资料名称	备注
并网验收	1	《分布式电源并网调试和验收申请表》； 《联系人资料表》	
	2	施工单位资质，包括《承装（修、试）电力设施许可证》《建筑企业资质证书》《安全生产许可证》； 设计单位资质	
	3	光伏组件、逆变器由国家认可资质机构出具的检测认证证书及产品技术参数	
	4	低压配电箱柜、断路器、闸刀、电缆等低压电气设备CCC认证证书	
	5	升压变、高压开关柜、断路器、闸刀等高压电气设备的型式试验报告	
	6	并网前单位工程调试报告； 并网前单位工程验收报告； 并网前设备电气试验、继电保护整定、通信联调、电能量信息采集调试记录	
	7	项目运行人员名单及专业资质证书	

电企业或县供电企业调控中心应同步完成并网调度协议的签订工作。未签订并网相关合同协议的，不得并网。

光伏发电项目签订并网调度协议、购售电合同后，由供电企业向国家能源局派出机构备案。其中自然人光伏合同文本不备案，而是采用表格形式报送，并按合同编号归档。

三、装置安装与计量

受理并网验收与调试申请后，供电企业负责安装关口电能计量装置。

分布式光伏发电项目所有的并网点以及与公共电网的连接点均应安装具有电能信息采集功能的计量装置（分布式光伏发电项目接入典型接线计量点详见附件四），进而分别准确计量分布式光伏发电项目的发电量和用电客户的上、下网电量。此外，与公共电网的连接点安装的电能计量装置应能分别计量上网电量和下网电量，而与供电企业有贸易结算的关口电能计量装置则由供电企业出资采购安装。

四、并网验收与调试

受理并网验收与调试申请后，供电企业组织验收小组进行并网验收与调试。

（一）前置要求

验收小组若发现项目存在以下情况，则不予验收（如图5-8所示）。

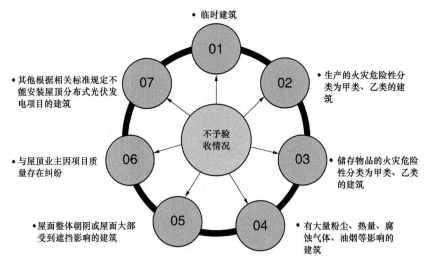

图5-8　不予验收情况

（二）验收流程

验收流程如图5-9所示。

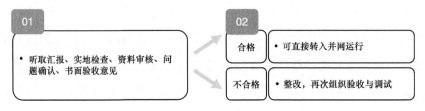

图5-9　验收流程

（1）验收小组首先听取项目建设情况汇报，对项目进行实地检查及资料审查。针对验收中存在的问题与项目单位逐一确认后，形成书面验收意见。

（2）对验收与调试合格的项目，可直接转入并网运行；对验收与调试不合格的项目，供电企业组织相关专业部门提出书面整改意见，待项目业主整改完毕后，再次组织验收与调试，待验收合格后并网。

五、案例

"光伏发电还能致富"是近年农村建设中的热门话题，很多农民组建的农业合作社都纷纷引进光伏项目。某果蔬专业合作社听说光伏项目不仅可以提升农产品产量，还可以通过光伏发电让农民得到更多收入，提升土地利用率，就萌生了使用光伏项目增加农户收入的想法。合作社到供电企业营业厅了解具体操作实施流程，并根据相关条件，申请分布式光伏接入。首先，客户提出并网申请，并提交并网申请资料；其次，属地供电企业联系客户，预约时间，开展现场勘查；然后，供电公司根据现场查勘条件，完成接入系统方案编制。与客户签订合同后，属地供电企业安装关口电能计量装置，最后组织验收和调试，合格后完成并网（如图5-10所示）。

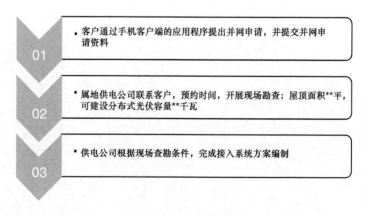

图5-10 并网服务流程

通过在光伏板下以间种、套种的方式，栽种瓜果、养殖水产，提高了土地利用效率，让农民有了双份收益。同时，农光互补、屋顶光伏就像一份

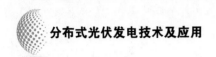

"阳光存折"，为群众致富存下了座座"金山"。

【本章小结】

本章通过对并网原则、并网申请与现场勘查、接入方案制定与审查、并网工程设计与建设、调试与验收等内容的说明，详细勾勒出了分布式光伏发电项目并网业务的开展流程图。帮助用户更清楚了解并网业务的运行流程，将有助于后期并网业务工作的开展。用户提前掌握相关程序，能很大程度上回避流程中可能会犯的基础性错误，从而进一步提高业务效率，提升电网用户满意度。

【本章练习】

1. 并网模式有几种？能否互相转换？
2. 请对全流程案例进行的并网业务流程进行描述。

第六章

分布式光伏用户管理

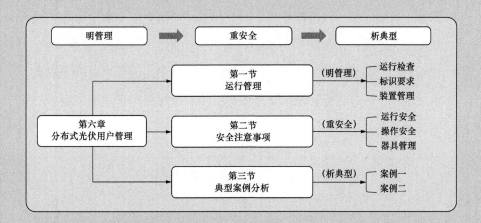

　　分布式光伏并网的出现标志着分布式光伏发电系统进入正式投入运行的阶段，它为社会用电提供了一种清洁、环保的绿色新能源，因此得到了社会普遍的认可。但在应用过程中，由于未能充分向用户普及分布式光伏发电系统的运行管理及安全维护等相关知识，用户难以在问题发生前期进行预防处理，这往往会导致后期出现一些较为严重的问题。但实际上，通过事前预防，这些问题是可以避免的。因此，本章针对该问题，从运行管理、安全注意事项两方面来阐述分布式光伏发电系统使用与维护中的关键内容。并在第三节中辅以真实案例，让用户切实感受到事前防治的重要性，同时按照相应要求对分布式光伏发电系统进行运行管理及安全维护工作，最终使得该系统的运行更加安全、高效。

第一节　运行管理

在分布式光伏并网验收与调试后，用户需要按照相应要求对该系统运行进行专业管理。主要包括运行检查、标识要求及计量装置管理三方面的内容。其中，运行检查是对分布式光伏组件、防雷保护装置、防孤岛逆变器等重要部件装置的使用功能进行检验，进而保证发电系统正常运行；标识要求部分则要求用户对标识进行正确的张贴及管理工作，以便于区分，提高工作便利性；计量装置管理部分则对计量装置的运行要求、校验及异常处理等管理工作进行说明。其中运行管理关键要点如图 6-1 所示。

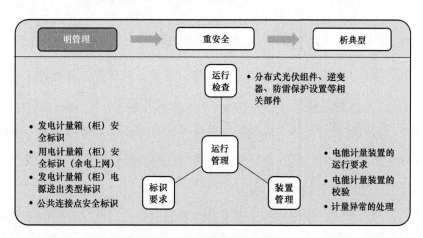

图 6-1　运行管理关键要点

【必备知识】

运行检查、标识要求和计量装置管理。

一、运行检查

运行检查是保证分布式光伏并网后安全、稳定运行的前提。分布式光伏组件、逆变器、防雷保护设置等相关部件功能的正常运行，是整个发电系统运行的基础。其中运行检查的主要内容如图 6-2 所示。

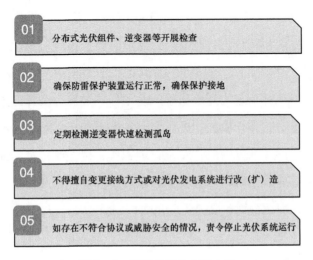

图 6-2 运行检查的主要内容

（1）运行维护单位对分布式光伏组件、逆变器等开展运行检查，每季度不少于一次；特殊气候条件下，如遇雷雨、大风等天气后，可进行特殊巡视。

（2）运行维护过程中，应确保分布式光伏并网点自带保护脱离功能的防雷保护装置运行正常、当防雷装置接地短路故障后能立即脱电网以及并网设备和发电系统金属外壳保护接地。

（3）分布式光伏采用具备防孤岛能力的逆变器，以及定期检测逆变器快速监测孤岛且监测到孤岛后能立即断开电网连接的能力。此外，其防孤岛检测装置配置方案应与继电保护配置和安全自动装置配置等配合，并在时间上互相匹配。

（4）经供电企业验收合格后投入运行的光伏发电系统，未经供电企业许可，不得擅自变更接线方式或者对光伏发电系统进行改（扩）造。

（5）如供电企业检查中发现分布式光伏用户存在不符合《并网调度（运行）协议》或私自改接光伏系统等威胁电网安全的情况，可立即责令用户停止光伏系统运行，待整改完成并且通过供电企业验收后才能并网。

二、标识要求

在现场张贴和管理屋顶光伏发电的发电计量箱（柜）、用电计量箱（柜）、发电计量箱（柜）、公共链接点等设置接入安全标识时，需按照相应要求。标识的安全材料应统一采用铝箔覆膜标签纸，黄底黑字标识。其中，对于不同标识类型其具体要求及示例如下：

（一）发电计量箱（柜）安全标识

按上网类型，张贴在发电计量箱（柜）正面，粘贴要可靠牢固，不能遮挡观察视窗（如图6-3、图6-4所示）。

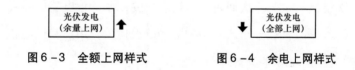

图6-3　全额上网样式　　　图6-4　余电上网样式

（二）用电计量箱（柜）安全标识（余电上网）

张贴在用电计量箱（柜）正面，粘贴要可靠牢固，不能遮挡观察视窗（如图6-5所示）。

此处有光伏并网

图6-5　光伏并网点样式

（三）发电计量箱（柜）电源进出类型标识

张贴在发电计量箱（柜）正面，区分光伏电源和电网电源，粘贴要可靠牢固（如图6-6、图6-7所示）。

电网电源	光伏电源

图6-6　电网电源样式 　　　图6-7　光伏电源样式

（四）公共连接点安全标识

张贴在有光伏接入的配电设备上，如电杆、配电柜、配变台区等，粘贴要可靠牢固（如图6-8所示）。

此处有光伏接入

图6-8　光伏接入点样式

三、计量装置管理

电能计量装置是指由各种类型的电能表或与计量用电压、电流互感器（或专用二次绕组）及其二次回路相连接组成的用于计量电能的装置，包括电能计量柜（箱、屏）。在分布式光伏发电系统投运后，用户和供电企业对电能计量装置的具体管理内容如下：

（一）电能计量装置的运行要求

已运行的电能计量装置由经依法取得计量授权的电能计量技术机构检定并施加封条、封印或其他封固措施。用户不能擅自拆封、改动电能计量装置及其相互间的连线或更换计量装置元件。

（二）电能计量装置的校验

电能计量装置的故障排查和定期校验，由经依法取得计量授权的供电企业电能计量技术机构承担。当用户对电能计量装置有疑义时，可随时要求依法取得计量授权的供电企业电能计量技术机构对电能计量装置进行校验。而以上校验均不收取费用。

（三）计量异常的处理

当发现电能计量装置故障时，应及时通知电能计量技术机构进行处理。

当贸易结算用电能计量装置出现故障时，应由供电企业或供电企业电能计量技术机构依据《中华人民共和国电力法》及其配套法规的有关规定进行处理。

在正常情况下，结算电量以贸易结算计量点电能表数据为依据。若结算计量点电能表出现异常，则以对侧电能表数据为准。对于其他异常或对侧无电能表的情况，双方在充分协商的基础上，可根据失压记录、失压计时等设备提供的信息，确定异常期内的电量。

第二节　安全注意事项

【关键要点】

并网后，在对分布式光伏系统运行进行管理的过程中，要尤其注意发电、用电及维护安全等问题。本节主要对运行管理过程中的安全注意事项进行阐述，其中主要分为设备运行安全、运维操作安全及安全工器具管理三个部分。第一部分设备运行安全主要强调设备运行中的作业安全；第二部分运维操作安全则以运维过程中运维人员人身安全为主；第三部分主要介绍相关安全工器具使用与检查中的安全注意事项。其中安全注意事项关键要点如图 6-9 所示。

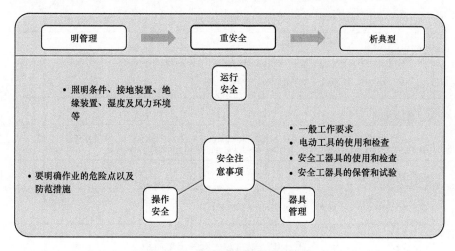

图 6-9　安全注意事项关键要点

【必备知识】

安全注意事项包括设备运行安全、运维操作安全、安全工器具的管理。

一、设备运行安全

设备运行安全对设备运作环境的安全性作出的要求包括照明条件、接地装置、绝缘装置、湿度及风力环境等。良好的设备运行环境，为设备安全运行提供了保障。其中，具体注意事项如图 6-10 所示。

01
- 光伏发电系统运行场所的照明，应该保证足够的亮度，如遇夜间作业应有充足的照明

02
- 所有电气设备的金属外壳均应有良好的接地装置。使用中不准将接地装置拆除或对其进行任何工作

03
- 当光伏组件有电流或具有外部电源时，不得连接或断开组件

04
- 对部分有绝缘包裹的组串引接部位，应加强巡视、检查，避免绝缘受损

05
- 在潮湿或风力较大的情况下，禁止进行维护或操作光伏组件

06
- 在分布式发电系统运行场所不得存放易燃、易爆物品

07
- 分布式发电系统运行场所依据有关规定和技术标准配置必要的消防措施和器材，并定期巡视、检查、维护；消防通道的配置等应遵守DL 5027—1993《电力设备典型消防规程》的规定

08
- 遇有电气设备着火时，应立即将有关设备的电源切断

图 6-10　设备运行安全注意事项

二、运维操作安全

在运维过程中，除了设备安全，运维人员的人身安全也同样重要。因此，在运行维护前，无论是运行维护单位人员还是供电企业人员，都要明确作业的危险点以及防范措施。同时相关的工作人员也必须按照相应注意事项进行安全的设备运维操作，以确保自身安全。具体注意事项如图 6-11 所示。

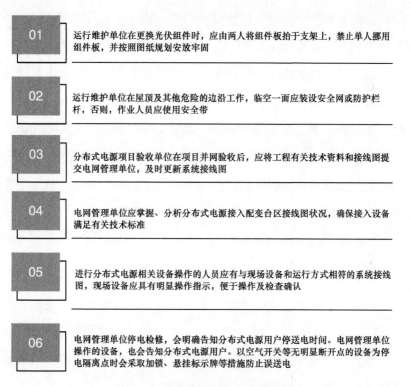

01	运行维护单位在更换光伏组件时，应由两人将组件板抬于支架上，禁止单人挪用组件板，并按照图纸规划安放牢固
02	运行维护单位在屋顶及其他危险的边沿工作，临空一面应装设安全网或防护栏杆，否则，作业人员应使用安全带
03	分布式电源项目验收单位在项目并网验收后，应将工程有关技术资料和接线图提交电网管理单位，及时更新系统接线图
04	电网管理单位应掌握、分析分布式电源接入配变台区接线图状况，确保接入设备满足有关技术标准
05	进行分布式电源相关设备操作的人员应与现场设备和运行方式相符的系统接线图，现场设备应具有明显操作指示，便于操作及检查确认
06	电网管理单位停电检修，会明确告知分布式电源用户停送电时间。电网管理单位操作的设备，也会告知分布式电源用户。以空气开关等无明显断开点的设备为停电隔离点时会采取加锁、悬挂标示牌等措施防止误送电

图 6-11　运维操作安全注意事项

三、安全工器具的管理

安全工器具是相关工作人员进行安全检测、运维等操作的必备工器具。在使用和检测相关安全工器具时，要严格遵守相应的注意事项。具体如下：

（一）一般工作要求

（1）作业人员应了解机具（电动工具）及安全工器具相关性能，熟悉其使用方法。

（2）现场使用的机具、安全工器具应经检验合格。

（3）机具的各种监测仪表以及制动器、限位器、安全阀、闭锁机构等安全装置应完好。

（4）机具在运行中不得进行检修或调整。禁止在运行中或未完全停止的情况下清扫、擦拭机具的转动部分。

（5）检修动力电源箱的支路开关、临时电源都应加装剩余电流动作保护装置。剩余电流动作保护装置应定期检查、试验、测试动作特性。

（6）施工机具和安全工器具应统一编号，专人保管，入库、出库、使用前应检查。禁止使用损坏、变形、有故障等不合格的机具和安全工器具。

（7）自制或改装的主要部件以及更换或检修后的机具，应按其用途依据国家相关标准进行型式试验，经鉴定合格后方可使用。

（二）电动工具的使用和检查

（1）连接电动机械及电动工具的电气回路应单独设开关或插座，并装设剩余电流动作保护装置，金属外壳应接地；电动工具应做到"一机一闸一保护"。

（2）电动工具使用前，应检查确认电线、接地或接零完好；检查确认工具的金属外壳可接地。

（3）长期停用或新领用的电动工具应用绝缘电阻表测量其绝缘电阻，若带电部件与外壳之间的绝缘电阻值达不到 $2M\Omega$，禁止使用。电动工具的电气部分维修后，应进行绝缘电阻测量及绝缘耐压试验。

（4）使用电动工具，不得手提导线或转动部分。使用金属外壳的电动工具，应戴绝缘手套。

（5）电动工具的电线不得接触热体或放在湿地上，使用时应避免载重车辆和重物压在电线上。

（6）在使用电动工具的工作中，因故离开工作场所或暂时停止工作以及遇到临时停电时，应立即切断电源。

（7）在一般作业场所（包括金属构架上），应使用Ⅱ类电动工具（带绝缘外壳的工具）。

（8）在潮湿或含有酸类的场地上以及在金属容器内，应使用24V及以下电动工具或Ⅱ类电动工具，并装设额定动作电流小于10mA、一般型（无延时）的剩余电流动作保护装置，且应设专人不间断保护。剩余电流动作保护装置、电源连接器和控制箱等应放在容器外面。电动工具的开关应设在监护人伸手可及的地方。

（三）安全工器具的使用和检查

检查事项如图6-12所示。

图6-12　检查事项

1. 使用前检查

安全工器具使用前，应检查确认绝缘部分无裂纹、无老化、无绝缘层脱落、无严重伤痕，以及固定连接部分无松动、无锈蚀、无断裂等现象。对其绝缘部分的外观有疑问时，应经绝缘试验合格后方可使用。

2. 安全帽

（1）使用前，应检查帽壳、帽衬、帽箍、顶衬、下颏带等附件完好无损。

（2）使用时，应将下颏带系好，防止工作中前倾后仰或其他原因造成滑落。

3. 绝缘手套

（1）应柔软、接缝少、紧密牢固，长度应超衣袖。

（2）使用前应检查无粘连破损，气密性检查不合格者不得使用。

4. 绝缘操作杆、验电器和测量杆

（1）允许使用电压应与设备电压等级相符。

（2）使用时，作业人员手不得越过护环或手持部分的界限。人体应与带电设备保持安全距离，并注意防止绝缘杆被人体或设备短接，以保持有效的绝缘度。

（3）雨天在户外操作电气设备时，绝缘操作杆的绝缘部分应有防雨罩，罩的上口应与绝缘部分紧密结合，无渗漏现象，以便阻断流下的雨水，使其不致形成连续的水流柱而大大降低湿闪电压。雨天使用绝缘杆操作室外高压设备时，还应穿绝缘靴。

（4）验电器的各部件，包括手柄、护手环、绝缘元件、限度标记、接触电极、指示器和绝缘杆等均应无明显损伤。手柄与绝缘杆、绝缘杆与指示器的连接应紧密牢固。非雨雪型电容型验电器不得在雷、雨、雪等恶劣天气时使用。

5. 成套接地线

（1）接地线的两端夹具应保证接地线与导体和接地装置都能接触良好、拆装方便，有足够的机械强度，并在大额电流通过时不致松脱。

（2）使用前应检查确认完好，禁止使用绞线松股、断胞护套严重破损、夹具断裂松动的接地线。

6. 绝缘隔板和绝缘罩

（1）绝缘隔板和绝缘罩只允许在35kV及以下电压的电气设备上使用，并应有足够的绝缘和机械强度。

（2）用于10kV电压等级时，绝缘隔板的厚度不得小于3mm，用于35kV（20kV）电压等级时不得小于4mm。

（3）现场带电安放绝缘隔板及绝缘罩，应戴绝缘手套，使用绝缘操作杆，必要时可用绝缘绳索将其固定。

7. 脚扣和登高板

（1）禁止使用金属部分变形和绳（带）损伤的脚扣和登高板。

（2）特殊天气使用脚扣和登高板，应采取防滑措施。

（3）安全工器具的保管和试验

1）安全工器具保管。

① 安全工器具宜存放在温度为 −15 ～ +35℃、相对湿度为 80% 以下、干燥通风的安全工器具室内。

② 安全工器具运输或存放在车辆上时，不得与酸、碱、油类和化学药品接触，并有防损伤和防绝缘性能破坏的措施。

③ 成套接地线宜存放在专用架上，架上的编号与接地线的编号应一致。

④ 绝缘隔板和绝缘罩应存放在室内干燥、离地面 200mm 以上的架上或专用的柜内。使用前应擦净灰尘。若表面有轻度擦伤，应涂绝缘漆处理。

2）安全工器具试验。

① 安全工器具应进行国家规定的型式试验、出厂试验和使用中的周期性试验。

② 规程要求试验的安全工器具、新购置和自制的安全工器具、检修后或关键零部件已更换的安全工器具、对机械、绝缘性能产生疑问或发现缺陷的安全工器具以及出了问题的同批次安全工器具均应试验。

③ 安全工器具经试验合格后，应在不妨碍绝缘性能且醒目的部位牢固粘贴合格证或可追溯的唯一标识，并出具检测报告。

④ 安全工器具的电气试验和机械试验可由使用单位根据试验标准和周期进行，也可委托有资质的机构试验。

⑤ 安全工器具试验项目、周期和要求见附录。

第三节　典型案例分析

【关键要点】

　　基于前两节内容，本节以具体案例的形式对前两节中分布式光伏系统运行管理及安全注意事项做进一步说明。以便用户更确切知道应如何预防相关问题的发生以及当问题出现时又该如何解决。其中，典型案例分析关键要点如图6-13所示。

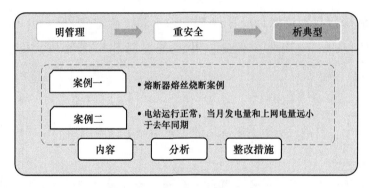

图6-13　典型案例分析关键要点

【必备知识】

典型案例分析。

一、案例一

（一）内容

　　××市××县××分布式光伏用户，所属台区#号公变电网侧台区跌落式熔断器熔丝烧断，抢修人员接令后，前往现场开展工作。工作人员将跌落式熔断器三相全部分开并取下熔管检查熔丝，但工作人意外发现该台区下的计量装置仍在运行，后经验电发现变压器带电。并且经排查发现，其是由该配变台区下的分布式光伏电站发电而倒送至电网。

（二）分析

根据《分布式光伏系统运行与维护技术规范》（T/FJNEA 1303—2019）的相关要求，应在电站、电缆等地方设置安全标识，并进行维护。安全标识的设置主要在于引起人们对不安全因素的注意，起到安全防范警示作用，并且能够预防、避免或减少安全事故的发生，进而保证工作人员的安全。同时为防止生产活动中可能发生的人员误操作，以及外因引发的人身伤害、设备损坏等，需要设置安全标识。如果没有进行安全标识的设置，可能会造成事故的发生，甚至危害人身与社会的安全。此外，随着光伏发电容量不断变大，光伏并网发电系统中会有多种类型的并网逆变器（不同保护原理）接入同一并网点而导致互相干扰。同时在出现发电功率与负载基本平衡的状况时，抗孤岛检测的时间会明显增加，甚至可能出现检测失败问题。所以在并网光伏逆变器具备孤岛保护功能的前提下，仍然要求光伏系统并网加装防孤岛保护装置，这是为实现防孤岛准备的二次保护。

在本案例中：

（1）该分布式电站接入台区无"此处有光伏接入"的安全标识。安全标识合理、规范的粘贴，可以对光伏运维人员和电网作业人员起到提示作用。可防止工作人员在光伏运行维护和有光伏接入的台区以及配电线路上作业时的误操作，避免安全事故的发生。

（2）具备防孤岛能力的逆变器未动作。本文第一节提到，分布式光伏采用具备防孤岛能力的逆变器，应定期检测逆变器快速监测孤岛且监测到孤岛后能立即断开电网连接的能力，其防孤岛检测装置配置方案应与继电保护配置和安全自动装置配置等配合，时间上互相匹配。

（三）整改措施

根据现行《继电保护和安全自动装置技术规程》（GB/T 14285—2006）、

《3kV～110kV 电网继电保护装置运行整定规程》（DL/T 584—2007）和《低压配电设计规范》（GB 50054—2011）的要求，分布式电源的继电保护及安全自动装置配置应满足可靠性、选择性、灵敏性和速动性的要求。因此，对分布式光伏系统运行进行管理与维护十分重要。在本案例中，应实行的措施如下：

（1）管理单位需要在该光伏接入台区增加"此处有光伏接入"的安全标识，并对管辖范围内设备的分布式光伏标识进行检查，如有安全标识缺失或标识字迹不清，应及时更换。

（2）分布式光伏应采用具备防孤岛能力的逆变器，以及定期检测逆变器快速监测孤岛且监测到孤岛后能立即断开电网连接的能力。此外，其防孤岛检测装置配置方案应与继电保护配置和安全自动装置配置等配合，并在时间上互相匹配。

同时，当分布式光伏线路本身或分布式光伏所接入电压等级系统发生故障时，配置的防孤岛保护应能通过可靠动作及时切除故障点，保证动作时间与电网侧重合闸以及备用电源自动投切装置的时间配合，保障供电质量，减少电网设备的损坏及其对检修人员的人身危险。因此，应请有资质的运行维护单位对防孤岛装置进行检查，如逆变器速监测孤岛且监测到孤岛后能立即断开电网连接的能力确实无法满足该系统的安全运行，必须进行维修或者更换。

二、案例二

（一）内容

某分布式光伏电站，在电站运行正常的情况下，发现当月发电量和上网电量远小于去年同期，用户带着疑问来到供电企业询问原因。供电企业先对电能计量装置及光伏接入线路进行初步核查，均未发现问题，后协助用户对光伏组件、逆变器及其连接线缆等进行检查。后发现，是由于该电站运行时间较长且运行中后期疏于维护，导致部分组件损坏、线缆接头绝缘破损脱落。

（二）分析

光伏电站运营效率和效果将直接影响光伏电站的运行稳定性及发电量。对于计划长期持有光伏电站的业主来说，光伏电站的运营维护就显得十分重要和迫切了。

结合近几年国内外光伏电站运维期间出现的问题，影响光伏电站稳定运行的因素体现在以下几个方面：一是故障处理不佳。故障停机过多，电站产出偏差较大；二是运维效率低。由于电站所处地理环境限制、专业技术人员匮乏、电站分散布局造成现场管理难度加大以及缺乏专业的运维管理系统造成效率低下；三是缺乏维护工具。光伏电站维护检测方式落后，缺乏现场检测维修工具；四是维护措施不到位。维护工作不能适应现场环境条件，宽温，粉尘污染；五是安全防范不足。缺乏有效的措施预防电站火灾、防盗及触电事故；六是监测数据分析能力不足。主要体现在数据误差较大、数据存储空间不够、数据传输掉包严重及数据采集范围缺失等。

而组件的维护离不开定期检查，应了解组件维护的注意事项以及常见的维护手段，以提高对组件故障的判断力。因此，组件清扫维护、组件定期检查及维修与测试、阵列定期检查及维修与测试则显得十分重要。

在本案例中：

（1）用户未重视光伏电站的定期维护工作。在电站的运行过程中，用户必须要对电站进行合理维护，提高光伏组件的发电效率。

（2）因天气、气候等自然因素影响，光伏组件会出现不同程度的消耗或损坏。应及时对污浊的光伏组件进行清洗，对大部分被侵蚀的组件必须进行更换，但更换的组件型号、数量必须与之前一样，不可更换高功率组件来增加发电量。

（3）光伏组件的组串的部分接头用绝缘胶布包裹，长期运行，会导致绝缘受损、脱落。运行维护人员一定要清楚组件安装、连接的方式，有绝缘包裹的部位在巡视时应特别检查，防止绝缘被破坏。

（三）整改措施

发电系统的正确、合理维护，是电站长期、稳定发电的保障。而在案例中，由于分布式发电用户忽视对发电系统的后期维护工作，而导致问题的出现。因此，应实行的措施如下：

（1）运行维护单位对分布式光伏组件、逆变器等开展运行检查，每季度不少于一次。同时在特殊气候条件下，如遇雷雨、大风等天气后，一定要对电站进行特殊巡视，确保光伏组件不受损坏。而当有组件等设备出现污浊或损坏时，应及时清理或者更换。

（2）在供电企业检查中如发现分布式光伏用户存在不符合《并网调度（运行）协议》或私自改接光伏系统等威胁电网安全的情况，可立即责令用户停止光伏系统运行，待整改完成并且通过供电企业验收后才能并网。同时，供电企业应定期对用户发电量和上网电量进行分析，对同比电量有明显减少或增加的用户采取必要的检查。而对有发电量或者上网电量有异常的用户，应及时与用户沟通并进行现场检查，确保光伏发电系统稳定、安全运行。

【本章小结】

本章主要通过对分布式光伏发电系统运行管理与安全注意事项的阐述，来增强用户使用过程中事前预防的意识。用户通过按要求使用与维护系统，来达到事前预防安全问题发生的目的。因此，分布式光伏发电系统在运行的过程中，有资质的运行维护单位要定期对光伏组件、逆变器、并网柜等进行检查，并做好记录；供电企业要对电能计量装置、分布式光伏接入线路、台区等进行定期巡视。在此过程发现问题都要及时分析原因，并采取有针对性处理措施。特别是发现可危害人身安全、电站运行安全、电网运行安全等的安全隐患，必须立即整改，确保分布式光伏发电系统稳定、高效地运行。

【本章练习】

1. 在进行分布式光伏发电系统运维管理时，如何检测具有防孤岛能力的逆变器？

2. 简述案例二中存在的主要问题，并结合实际思考工作中是否存在类似情况？应如何防治处理？

附　录

安全工器具试验项目、周期和要求

序号	器具	项目	周期	要 求				说明
1	电容型验电器	A. 起动电压试验	1年	启动电压值不高于额定电压的40%，不低于额定电压的15%				试验时接触电极应与试验电极相接触
		B. 工频耐压试验	1年	额定电压（kV）	试验长度（m）	工频耐压（kV）		
						1min	5min	
				10	0.7	45	—	
				35	0.9	95	—	
2	成套接地线	A. 成组直流电阻试验	不超过5年	在各接线鼻之间测量直流电阻，对于25、35、50、70、95、120mm² 的各种截面，平均每米的电阻值应分别小于0.79、0.56、0.40、0.28、0.21、0.16mΩ				同一批次抽测，不少于2条，接线鼻与软导线压接的应做该试验
		B. 操作棒的工频耐压试验	5年	额定电压（kV）	试验长度（m）	工频耐压（kV）		试验电压加在护环与紧固头之间
						1min	5min	
				10	—	45	—	
				35	—	95	—	
3	个人保安线	成组直流电阻试验	不超过5年	在各接线鼻之间测量直流电阻，对于10、16、25mm² 各种截面，平均每米的电阻值应小于1.98、1.24、0.79mΩ				同一批次抽测，不少于2条
4	绝缘杆	工频耐压试验	1年	限定电压（kV）	试验长度（m）	工频耐压（kV）		
						1min	5min	
				10	—	45	—	
				35	—	95	—	

序号	器具	项目	周期	要 求				说明
5	核相器	A. 连接导线绝缘强度试验	必要时	额定电压（kV）	工频耐压（kV）	持续时间（min）		浸在电阻率小于100Ω·m水中
				10	8	5		
				35	28	5		
		B. 绝缘部分频耐试验	1年	额定电压（kV）	试验长度（m）	工频耐压（kV）	持续时间（min）	
				10	0.7	45	1	
				35	0.9	95	1	
		C. 电阻管泄漏电流试验	半年	额定电压（kV）	工频耐压（kV）	持续时间（min）	泄漏电流（mA）	
				0	10	1	≤2	
				35	35	1	≤2	
		D. 动作电压试验	1年	最低动作电压应达0.25倍额定电压				
6	绝缘胶垫	工频耐压试验	1年	电压等级	工频耐压（kV）	持续时间（min）		使用于带电设备区域
				高压	15	1		
				低压	3.5	1		
7	绝缘靴	工频耐压试验	半年	工频耐压（kV）	持续时间（min）	泄漏电流（mA）		
				15	1	≤7.5		
8	绝缘手套	工频耐压试验	半年	电压等级	工频耐压（kV）	持续时间（min）	泄漏电流（mA）	
				高压	8	1	≤9	
				低压	2.5	1	≤2.5	
9	导电鞋	直流电阻试验	穿用不超过200h	电阻值小于100kΩ				

参考文献

［1］国网浙江省电力有限公司．分布式光伏并网服务培训教材．北京：中国电力出版社，2020.

［2］周志敏，纪爱华．分布式光伏发电系统工程设计与实例．北京：中国电力出版社，2014.

［3］李钟实．太阳能分布式光伏发电系统设计施工与运维手册．北京：机械工业出版社，2020.

［4］张力波，张钦，周德群，等．中国分布式挂光伏发电发展研究．北京：科学出版社，2020.

［5］王晴．分布式光伏发电并网知识 1000 问．北京：中国电力出版社，2017.

［6］王东，张增辉，江祥华．分布式光伏电站设计、建设与运维．北京：化学工业出版社，2018.

［7］李钟实．分布式光伏电站设计施工与应用．北京：机械工业出版社，2017.

［8］全球光伏发展简史（独家）．OFweek 太阳能光伏网．https：//solar. ofweek. com/2012 - 06/ART - 260006 - 8500 - 28616614_5. html.

［9］光伏发电．百度百科．https：//baike. baidu. com/item/% E5% 85% 89% E4% BC% 8F% E5% 8F% 91% E7% 94% B5/269917？fr = aladdin.

［10］分布式光伏发电．百度百科．https：//baike. baidu. com/item/% E5% 88% 86% E5% B8% 83% E5% BC% 8F% E5% 85% 89% E4% BC% 8F% E5% 8F% 91% E7% 94% B5/5485675？fr = aladdin.

［11］分布式光伏发电有哪些应用形式？户用光伏网．https：//

hy. bjx. com. cn/ask/80. shtml.

［12］赵争鸣. 光伏电站分布式并网与集中式并网的区别. http：//guang-fu. bjx. com. cn/news/20120423/355954. shtml.

［13］光伏发电优缺点分析说明. 百度文库. https：//wenku. baidu. com/view/1a02f9c159fafab069dc5022aaea998fcc22409a. html.

［14］我国太阳能分布特点. 百度文库. https：//wenku. baidu. com/view/b8ae0f8c52ea551811a68737. html.

［15］胡建宏. 光伏发电系统集成与设计. 西安：西北工业大学出版社, 2015.

［16］新能源分布. 百度文库. https：//wenku. baidu. com/view/05b4d00d52ea551810a687ab. html.

［17］太阳能资源. 百度百科. https：//baike. baidu. com/item/% E5% A4% AA% E9% 98% B3% E8% 83% BD% E8% B5% 84% E6% BA% 90/4598267？fr = aladdin.

［18］天眼新闻. 国家电网：最大限度开发利用风电、太阳能发电等新能源. https：//baijiahao. baidu. com/s？ id = 1693023005899932024&wfr = spider&for = pc.

［19］太阳能光伏网. 推动清洁能源发展, 构建文明新生态. http：//mp. ofweek. com/solar/a656714146017.

［20］中国发展网. 分布式光伏：助力打造乡村振兴“齐鲁样板”. ht-tps：//baijiahao. baidu. com/s？ id = 1702691320050616359&wfr = spider&for = pc.

［21］金太阳工程. 百度百科. https：//baike. baidu. com/item/% E9% 87% 91% E5% A4% AA% E9% 98% B3% E5% B7% A5% E7% A8% 8B/5953170？fr = aladdin.

［22］法兰克福展览. 光伏发电与农村小康工程结合 目标让低收入农民奔小康. https：//pcim. gymf. com. cn/newslist/industrynews/28711.

［23］新能源网．"光伏小康工程"究竟是什么？．http：//www. xny365. com/news/article - 52843. html, 2016 - 07 - 27.

［24］深圳科士达．选择光伏逆变器的主要技术指标．http：//blog. sina. com. cn/s/blog_16dc6aa270102x30a. html.

［25］飞轮储能的应用有哪些？．百度知道．https：//zhidao. baidu. com/question/99538470. html.

［26］逆变器的主要参数．百度文库．https：//wenku. baidu. com/view/83d3efb015791711cc7931b765ce050877327536. html.

［27］光伏系统发电量低之逆变器故障．百度文库．https：//wenku. baidu. com/view/90175092162ded630b1c59eef8c75fbfc67d941b. html.

［28］逆变器故障将如何影响光伏系统发电量？．品略图书馆．https：//www. pinlue. com/article/2018/12/0712/207794920915. html, 2017 - 11 - 23.

［29］沈文忠．太阳能光伏技术与应用．上海：上海交通大学出版社, 2013.

［30］刘军, 刘泽方, 王晓云, 等．光伏汇流箱的设计．中国科技信息, 2012 (8)：90.

［31］李荣华, 朱明龙, 谭真勇．电价理论与实务丛书：电价理论与方法．北京：中国电力出版社, 2014.

［32］分布式光伏发电补贴十二问, 你不懂的都在这里．Solarbe 索比光伏网．https：//www. sohu. com/a/115952719_418320.

［33］分布式光伏发电的9大问题之"政策"篇．https：//www. sohu. com/a/116039111_485347.

［34］适度支持可再生能源发电项目．经济日报．http：//www. nea. gov. cn/2020 - 11/30/c_139555798. htm, 2020 - 11 - 30.

［35］关于加快推进可再生能源发电补贴项目清单审核有关工作的通知财办建（〔2020〕70号）．http：//jjs. mof. gov. cn/tongzhigonggao/202011/t20201125_3629266. htm.

［36］分布式光伏发电项目将免费接入国家电网．国资委网站．http：//www. nea. gov. cn/2012 - 10/30/c_131938413. htm, 2012 - 10 - 30.

［37］屋顶分布式光伏发电项目验收规范（T/HZPVA001 - 201）．http：//www. ttbz. org. cn/StandardManage/Detail/26724/.

［38］分布式光伏项目验收规范标准．百度文库．https：//wenku. baidu. com/view/163e69a3e718964bcf84b9d528ea81c759f52e9b. html.

［39］2018 年分布式光伏发电补贴政策：补贴标准调整为每千瓦时 0. 37 元（附政策全文）- 聚焦三农 - 土流网．https：//www. tuliu. com/read - 70660. html.

［40］绝缘安全工器具试验项目_周期和要求．https：//www. renrendoc. com/paper/102415065. html.

［41］如何更好地维护光伏电站？- 知乎．https：//zhuanlan. zhihu. com/p/163194737？utm_ source = wechat_ session.